▶ 校企“双元”合作开发教材
▶ 高等职业教育新形态教材

新编21世纪
高等职业教育精品教材
旅游大类

葡萄酒品鉴与侍酒服务

主　编　杨月其
副主编　何立萍　曹晶晶
　　　　杜金玲　王子毓
参　编　李明慧　张红梅
　　　　马　娟　李　青

中国人民大学出版社
·北京·

图书在版编目（CIP）数据

葡萄酒品鉴与侍酒服务 / 杨月其主编 . -- 北京：中国人民大学出版社，2024.2
新编 21 世纪高等职业教育精品教材 . 旅游大类
ISBN 978-7-300-32456-2

Ⅰ. ①葡… Ⅱ. ①杨… Ⅲ. ①葡萄酒－品鉴－高等职业教育－教材 Ⅳ. ① TS262.61

中国国家版本馆 CIP 数据核字（2023）第 256404 号

校企“双元”合作开发教材
高等职业教育新形态教材
新编 21 世纪高等职业教育精品教材・旅游大类

葡萄酒品鉴与侍酒服务
主　编　杨月其
副主编　何立萍　曹晶晶　杜金玲　王子毓
参　编　李明慧　张红梅　马　娟　李　青
Putaojiu Pinjian yu Shijiu Fuwu

出版发行　中国人民大学出版社
社　　址　北京中关村大街31号　　邮政编码　100080
电　　话　010-62511242（总编室）　　010-62511770（质管部）
　　　　　010-82501766（邮购部）　　010-62514148（门市部）
　　　　　010-62515195（发行公司）　　010-62515275（盗版举报）
网　　址　http:www.crup.com.cn
经　　销　新华书店
印　　刷　北京昌联印刷有限公司
开　　本　787 mm × 1092 mm　1/16　　版　　次　2024 年 2 月第 1 版
印　　张　11.5　　印　　次　2025 年 5 月第 2 次印刷
字　　数　260 000　　定　　价　35.00 元

Preface

前　言

从东部的山东蓬莱到西部的新疆焉耆，从北部的河北怀来到西南的云南迪庆，从宁夏贺兰山东麓到甘肃河西走廊，中国葡萄酒产业在过去40多年的风雨历程中，从刚刚起步成长为当下世界葡萄酒产业格局中的一股磅礴力量，并以惊人的发展速度和出色的品质吸引着世界的关注。

产业的崛起和可持续发展需要高素质人才的支撑，高素质人才需要精心的培养和有效的训练。为了适应产业发展的实际，我们在旅游及酒店管理专业（方向）开设了"葡萄酒品鉴与侍酒服务"课程。作为该课程的配套教材，我们以葡萄酒文化与营销从业人员的岗位能力要求为出发点，将行业新知融入教材，尽可能全面地突显葡萄酒产业的新动态和新热点。本书除了阐述必要的理论和实践技巧外，还穿插了大量生动的案例和我国葡萄酒产业发展历程中的中国故事，以期为学生学习和掌握葡萄酒品鉴、侍酒和营销提供指导和建议，同时引导学生在理解和传承中深植对我国葡萄酒产业的认同感和使命感，把家国情怀内化为职业发展的支点。

本书为浙江旅游职业学院2022年教学改革研究项目常规教改课题（项目编号：2022YB12）的结题成果，具有以下特色：

第一，定位明确，结构合理。本书分为葡萄酒与文化、葡萄酒与品鉴、葡萄酒侍酒与营销三大模块，共九个项目。模块一葡萄酒与文化，包含葡萄酒的起源与发展、葡萄酒的文化与旅游两个项目，以期拓宽旅游及酒店管理相关专业学生的学科视野，指导学科实践。模块二葡萄酒与品鉴，通过葡萄酒概述，葡萄酒的品评与鉴赏，风味品鉴之常见的酿酒葡萄，风味品鉴之葡萄的种植、酒的酿造及陈年，风味品鉴之中国葡萄酒产区概况五个项目提炼了葡萄酒品鉴的核心技能，模块三葡萄酒侍酒与营销，通过餐酒搭配与侍酒服务两个项目凝练概括了侍酒服务的主要技能。

第二，理论简明，体例新颖。本书对葡萄酒品鉴与侍酒的理论知识有着简明扼要的阐述，内容翔实，深入浅出，以便不同读者理解和掌握。本书在各个项目中都按照项目导学（包括项目导语、知识目标、能力目标、素养目标）、情境导入、知识精讲、技能实训、反馈评价、项目小结、知识园地·中国故事来进行编排；教学内容中穿插了拓展阅读、知识链接、知识拓展、课堂互动等栏目，体例活泼新颖。这种安排既遵循了教学原则，符合认知规律，也突出了情景训练和能力培养。

第三，注重案例，突出实战。本书配合理论讲解集合了较为丰富的案例和素材，具有较强的可读性和启发性。同时，针对相关职业（如侍酒师、酒水经理、葡萄酒采购顾问、葡萄酒销售、酒庄接待员、葡萄酒报刊编辑、葡萄酒培训师、互联网营销师等）设计了大量实训练习，便于课堂实操及课后练习，有助于学生及时将书中的理论运用于实践。此外，本书重视思政元素的有机融入，每个项目后均有一则我国葡萄酒产业发展历程中的中国故事，促使学生在学习的过程中理解并传承我国葡萄酒产业的发展使命。

本书既可作为高职旅游及酒店管理相关专业的教学用书，也可作为职业本科旅游类专业教学的参考书，还可作为工具书为业界提供借鉴与参考。

本书由浙江旅游职业学院杨月其担任主编，浙江旅游职业学院何立萍、北方民族大学曹晶晶、浙江旅游职业学院杜金玲、读醉（宁夏）品牌管理有限公司王子毓担任副主编。杨月其负责教材大纲和体例的拟订、各项目目标的制订、初稿的修改和审订，以及全书的统稿。具体编写分工如下：项目一、二、七由曹晶晶、张红梅编写，项目三、四由何立萍、杨月其编写，项目五由杜金玲、杨月其编写，项目六由王子毓、马娟、李青编写（此部分内容摘选自《读醉·宁夏酒庄指南》并已获得授权）；项目八、九由罗莱夏朵·杭州紫萱度假村首席侍酒师李明慧编写。项目一至七的“技能实训”由杨月其设计并编写，项目八和九的“技能实训”由李明慧设计并编写。

作为校企合作的成果，本书在编写过程中得到了诸多院校和行业专家的指导与帮助，也获得了中国（宁夏）贺兰山东麓葡萄酒旅游智库、读醉（宁夏）品牌管理有限公司、开元旅业集团、雷迪森酒店集团等企业和组织的大力支持。本书在编写过程中参阅了大量书籍和资料，这些成果除了在书后“参考文献”中列明外，还在书中适当位置加以注明，在此一并向有关专家、学者和组织表示衷心感谢！

由于编者学识所限，书中疏漏和不妥之处在所难免，敬请各位专家、同行、读者提出宝贵的意见和建议，以便今后修订和完善。

编者
2024 年 1 月

Contents

目 录

模块一 葡萄酒与文化 01

项目一 葡萄酒的起源与发展 …… 03

项目二 葡萄酒的文化与旅游 …… 10

任务一 葡萄酒文化旅游概述 …… 11

任务二 葡萄酒文化旅游资源概况 …… 19

任务三 国内外葡萄酒旅游目的地 …… 28

模块二 葡萄酒与品鉴 43

项目三 葡萄酒概述 …… 45

任务一 葡萄酒的内涵与分类 …… 46

任务二 社会责任与品饮健康 …… 51

项目四 葡萄酒的品评与鉴赏 …… 56

任务一 品鉴前的准备 …… 57

任务二 葡萄酒的视觉鉴赏 …… 61

任务三 葡萄酒的嗅觉鉴赏 …… 69

任务四 葡萄酒的味觉鉴赏 …… 72

任务五 品酒辞的撰写 …… 77

项目五 风味品鉴之常见的酿酒葡萄 …… 82

任务一 影响葡萄品质的自然因素 …… 83

任务二 主要的白葡萄品种 …… 86

任务三 主要的红葡萄品种 …… 90

项目六　风味品鉴之葡萄的种植、酒的酿造及陈年 …………………… 103
任务一　葡萄园的四季 …………………………………………… 104
任务二　葡萄酒的生产工艺 ……………………………………… 109
项目七　风味品鉴之中国葡萄酒产区概况 ………………………… 118

模块三　葡萄酒侍酒与营销　137

项目八　餐酒搭配 ………………………………………………… 139
任务一　餐酒搭配的基本原则 …………………………………… 140
任务二　葡萄酒与中餐的搭配 …………………………………… 143
任务三　葡萄酒与西餐的搭配 …………………………………… 149
项目九　侍酒服务 ………………………………………………… 153
任务一　葡萄酒的贮存 …………………………………………… 154
任务二　葡萄酒的饮用温度 ……………………………………… 156
任务三　侍酒服务准备工作 ……………………………………… 159
任务四　醒酒服务 ………………………………………………… 162
任务五　平静葡萄酒的服务 ……………………………………… 164
任务六　老年份葡萄酒的服务 …………………………………… 167
任务七　起泡酒的服务 …………………………………………… 170

参考文献　174

模块一 葡萄酒与文化

- 项目一　葡萄酒的起源与发展
- 项目二　葡萄酒的文化与旅游

项目一 葡萄酒的起源与发展

项目导学

项目导语

◆ 葡萄酒是由时间酝酿出的珍馐，承载着人类文明的历史。其故事源远流长，穿越了世纪、跨越了国界，如今已成为一门博大精深的艺术和科学。本项目中，我们将踏上一段探索之旅，了解葡萄酒的起源与发展，深入探讨中外葡萄酒文化的交融与差异。通过这趟旅程，我们将不仅品味葡萄酒的美妙，而且通过其背后的历史与文化，理解葡萄酒的起源与发展对于学习葡萄酒品鉴与侍酒的深刻意义。

◆ 在探寻葡萄酒的根源时，我们将追寻葡萄酒是如何成为人类文化的一部分，又是如何彰显不同地域的特色和历史的。通过深入了解葡萄酒的发展历程，我们可以更好地识别不同葡萄品种和产区的特性。这不仅有助于提升我们的品鉴技能，还能够为侍酒服务增添深度和广度，并让我们在品鉴与侍酒中体验到更多乐趣。

知识目标

◆ 掌握葡萄酒的历史，包括其起源及其在古代文化中的角色。

◆ 了解葡萄酒在不同国家和地区的发展历程。

◆ 熟悉葡萄酒文化的传承与演变，包括葡萄酒与艺术、文学等领域的关联。

能力目标

◆ 能够分析和对比国内外葡萄酒历史的异同，理解各自的文化和传统。

◆ 能够运用葡萄酒历史和文化知识，将葡萄酒品鉴融入更广泛的文化语境中。

◆ 具备独立研究和学习的能力，能够持续追踪葡萄酒领域的最新发展状况和趋势。

素养目标

◆ 培养多元文化意识，从而更好地理解和尊重不同文化背景下的葡萄酒传统。正向传播葡萄酒消费观，弘扬本土葡萄酒文化。在探索的过程中，提高综合素质，包括独立思考、跨学科学习和跨文化交流的能力。

情境导入

想象一下，你正站在一个宁静的葡萄园中，金色的阳光透过葡萄藤的叶子洒在你身上，微风中飘来葡萄的芳香。你的手中是一杯经过精心酿造的葡萄酒，它不仅是一种饮品，更是凝结了千百年来人类文明和智慧的结晶。这个葡萄园可能位于中国的秦巴山脉、法国的波尔多或意大利的托斯卡纳。

葡萄酒的故事从古代开始，贯穿了人类历史的各个阶段。它是欢庆的象征，也是共鸣的来源。在这一项目中，我们将带你穿越时光，深入了解葡萄酒的起源与发展，从古代的葡萄酒仪式到现代的国际葡萄酒市场，探寻葡萄酒文化的深刻内涵。同时，我们将比较中国与外国的葡萄酒历史，探讨它们之间的联系与差异，从而深入理解葡萄酒品鉴与侍酒的意义。

知识精讲

一、中国葡萄酒的起源与发展

（一）古代中国葡萄及葡萄酒

中国是葡萄属植物的起源中心之一。公元前 8000 年前的湖南道县玉蟾岩遗址中出土了 40 余种植物遗存，其中就包括野葡萄种子。公元前 7000 年前的河南舞阳贾湖遗址首次发现了葡萄的踪迹，在对出土的 16 件陶器内壁上的附着物分析检测时发现其主要成分为酒石酸和酒石酸盐，并在贾湖遗址发现了野生葡萄种子。此外，公元前 3000 年左右的浙江省庄桥坟遗址、卞家山遗址、尖山湾遗址、钱山漾遗址四处新石器时代晚期遗址也都发掘了野生葡萄的种子，这说明我国自远古时期就有原产的野葡萄，并且野葡萄一直都是当时先民采集的食材之一。同样地，公元前 2500 年至公元前 2200 年，龙山文化两城镇遗址也挖掘出葡萄籽的遗存。

2003 年，考古工作者在鄯善县洋海墓地二号墓发现一根长 116 厘米的葡萄藤，现收藏于吐鲁番博物馆。经鉴定，该葡萄藤距今有 2300 多年的历史，这是目前中国发现的年代最早的葡萄藤。考古工作者对葡萄藤做了详细的解剖，并进行了严谨的鉴定，证明被发现的葡萄藤遗存应系西域传至吐鲁番地区的欧洲种葡萄，且已有 6 年的树龄，说明葡萄藤伴随欧洲葡萄传入吐鲁番地区，且已在本地栽培。该考古研究结果证明，中国境内葡萄栽培最早应始于吐鲁番地区。

1980 年，河南罗山天湖的商代（距今 3000 多年）古墓里出土了一个密闭的铜卣，里面盛满液体，后经北京大学化学系检测，该液体是保存了 3000 多年的葡萄酒。这代表了自新石器时代形成的酿造技术的延续。

知识拓展　贾湖遗址

河南省舞阳县的贾湖遗址距今约 9000 年至 7500 年，是淮河流域迄今所知年代最早的新石器早期文化遗存，被评为 20 世纪中国 100 项考古大发现之一。中国科技大学和美国宾夕法尼亚大学的专家从发掘的大量陶器残留物中分析研究发现，当时贾湖人可能已经掌握了世界上最古老的酿酒方法，其酒中含有稻米、山楂、蜂蜡等成分，在含有酒石酸的陶器中还发现有野生葡萄籽粒。考古学家在对贾湖遗址的考古发掘中，发现了贾湖遗址中可能有世界上最早的酒的证据，但是关于葡萄酒的起源，众说纷纭，至今难以定论。有人说，葡萄酒起源于古埃及；也有人说，葡萄酒起源于古希腊，抑或希腊克里特岛。根据古代时期的陶器和农作物遗存，探知中国葡萄酒可能在河姆渡文化时期（公元前5000—公元前4000年）出现。

古代的陶器

我国最早对葡萄的文字记载见于《诗经》。《诗经·周南·樛木》："南有樛木，葛藟累之；乐只君子，福履绥之。"《诗经·王风·葛藟》："绵绵葛藟，在河之浒。终远兄弟，谓他人父。谓他人父，亦莫我顾！"《诗经·豳风·七月》："六月食郁及薁，七月亨葵及菽。八月剥枣，十月获稻，为此春酒，以介眉寿。"从以上三首诗中可以了解到在殷商时代（公元前17世纪初至约公元前11世纪初），人们就已经知道采集并食用各种野葡萄了。《周礼·地官司徒》记载："场人掌国之场圃，而树之果蓏珍异之物，以时敛而藏之。"郑玄注："珍异，蒲桃、枇杷之属。"这说明，在约3000年前的周朝，我国已有了葡萄和葡萄园，并且已知道怎样贮存葡萄。

汉武帝建元年间，张骞出使西域，从大宛将欧亚种葡萄引入中原，并且招来了酿酒艺人，从事葡萄酒的生产。张骞是有明确文献记载的官方出使西域第一人，《史记·大宛列传》称："宛左右以蒲陶为酒，富人藏酒至万余石，久者数十岁不败。俗嗜酒，马嗜苜蓿。汉使取其实来，于是天子始种苜蓿、蒲陶肥饶地。"

东汉时期，葡萄酒还是极具奢华的贵族享用品，比较珍贵。《古今图书集成·食货典》卷273《酒部》是中国最早阐述酒史的典籍。苏轼也感叹地说："将军百战竟不侯，伯郎一斗得凉州。"

到了三国时期，从西域传入的葡萄在我国得到了广泛种植，并且被用作酿酒原料。魏文帝曹丕尤其喜欢喝葡萄酒。他在《诏群医》中写道："中国珍果甚多，且复为说蒲萄。当其朱夏涉秋，尚有余暑，醉酒宿醒，掩露而食。甘而不饴，酸而不脆，冷而不寒，味长汁多，除烦解倦。"

魏晋时期的名士陆机在《饮酒乐》中写道："蒲萄四时芳醇，瑠璃千钟旧宾。夜饮舞迟销烛，朝醒弦促催人。春风秋月桓好，欢醉日月言新。”从中可以看出，葡萄酒在当时已经比较普遍，是贵族宴请宾客的一种常见饮品。

公元 640 年，唐太宗攻破高昌国，他学高昌国酿酒法，用马乳蒲桃（一种白葡萄）亲自酿造出高度数的葡萄酒，赐予群臣。传世典籍中关于高昌国最早种植葡萄的记载见于《北史 · 西域传》：“地多石碛，气候温暖，厥土良沃，谷麦一岁再熟。宜蚕，多五果，又饶漆。有草名羊刺，其上生蜜，而味甚佳。引水溉田。出赤盐，其味甚美。复有白盐，其形如玉，高昌人取以为枕，贡之中国。多蒲桃酒。”这些记载反映了高昌国葡萄栽培的大致状况。此后唐朝的葡萄种植和葡萄酒酿造开始在中原地区传播并形成生产规模。

唐代创造了灿烂辉煌的葡萄酒文化，唐代人们对于葡萄酒的热爱也远远超过前朝，葡萄酒文化已经融入唐代人们日常生活的方方面面，包括脍炙人口的诗词佳作、葡萄酒的酒具、葡萄纹织锦等。

元代的蒙古族贵族阶层与西域文化联系得更为紧密，当时葡萄种植面积广阔，酿酒数量大增，葡萄栽培与葡萄酒酿造技术都有巨大的发展。元朝初年，司农司编纂的综合性农书《农桑辑要》中记载了有地方官员指导百姓发展葡萄生产的事件，其中对葡萄的性质、特点以及栽培技术都有精确的记载。这一时期也涌现了大量与葡萄酒有关的诗词，葡萄酒文化逐渐融入文化艺术的各个领域。

明代是中国酿酒业大发展的时期，酒类的品种、产量都大大超过了前代。徐光启主持修撰的官方农书《农政全书》中详细记载了当时我国各地栽培的葡萄品种。

清代，葡萄种植和葡萄酒酿造业得到了进一步发展。清末民初，是我国葡萄酒文化发展的又一个重要阶段。由于海禁的开放，进口葡萄酒开始涌入中国市场，市场上的葡萄酒品类明显增多，这为现代葡萄酒产业发展提供了先决条件。

（二）近现代中国葡萄酒的发展史

中华民族曾经历了灿烂的葡萄酒文化时期，在明清以后出现了断层。1892 年，华侨实业家张弼士投资了 300 万两白银在烟台建立了葡萄园和葡萄酒厂，即张裕葡萄酿酒公司，并且从国外引进了一百多个优良的酿酒葡萄品种。这是中国第一家民营的工业化生产葡萄酒的企业，也是唯一由中国人自己经营的葡萄酒厂。

清末民初时期，来华传教士在我国兴建教堂和葡萄园，利用我国本土葡萄或从国外带来的酿酒葡萄品种酿酒。自 1910 年以来，来华传教士陆续在我国兴建葡萄酒厂。1972 年，美国总统尼克松访华之时，因我国尚无干型葡萄酒，尼克松自带了美国的世酿伯格起泡酒在国宴上饮用。很快，酿造出属于中国自己的干型葡萄酒被提上日程。

1978 年，由原轻工业部牵头、五部委联合考察，最终选定拥有 800 多年葡萄种植历史的沙城怀涿盆地内的 75 公顷土地作为中国葡萄酒的第一块试验田，由此开启了我国自产葡萄酒的发展之路，这就是长城的缘起。伴随着中国第一瓶干白、干红的诞生，中国葡萄酒由此开始蜕变。

中华人民共和国成立以后，中国的葡萄与葡萄酒产业得到了迅速的发展。我国多次从国外引进优质的葡萄种资源。20 世纪 50 年代，我国从苏联、匈牙利、保加利亚、罗马尼亚、捷克、阿尔巴尼亚等国引种约 33 批次，引入白羽、白雅、红玫瑰等 1000 多个品种（包括重复引进）。到了 20 世纪 60 年代至 70 年代，葡萄引种工作进入第二个阶段，主要是从西欧引种，先后引种 34 批次，引入 100 多个品种（包括重复引进）。改革开放后出现引种高潮，这一时期葡萄引种指导思想趋于成熟，注重良种引进，先后引种 100 多批次，约引入品种 800 个。2000 年以来，主要以引进世界名种为主，集中引进优质红葡萄品种，以赤霞珠、梅洛为主，少量西拉、黑皮诺、霞多丽和白玉霓等。

优良的葡萄品种是葡萄产业发展的基础，我国除了引进国外的葡萄品种外，还成立了专门的科研机构有目的地进行葡萄育种。20 世纪 50 年代至 60 年代，我国利用欧亚种和野生山葡萄杂交，先后培育出第一代抗寒山欧葡萄品种“北醇”“北玫”“北红”“公酿一号”“公酿二号”等；1966 年，烟台张裕葡萄酿酒公司用紫北塞和玫瑰香杂交育成“烟73”，用紫北塞和汉堡麝香杂交育成“烟 74”。“烟 73”和“烟 74”两个染色品种得到大面积栽培，解决了当时很多葡萄酒产区的葡萄酒颜色浅的问题；20 世纪 70 年代至 90 年代，酿酒葡萄选育以抗病抗寒为主，选育出“双红”“媚丽”“北冰红”等系列品种；2000 年以后，葡萄育种变得多样化，除以中国野生葡萄资源作为亲本进行育种外，也使用优质酿酒葡萄品种进行种间杂交，选育综合性状、酿酒特性表现更优良的新品种。

二、其他国家和地区葡萄酒的起源与发展

据考古资料，栽培葡萄的发源地是小亚细亚里海和黑海之间及其南岸地区。大约在 7000 年以前，葡萄就开始在南高加索、中亚、西亚等地栽培。葡萄栽培随着移民传入其他地区。这些地区的葡萄栽培初传至埃及，后传至希腊。

在埃及古墓中发现的大量珍贵文物（特别是浮雕）清楚地描绘了当时人们栽培葡萄、采收和酿造葡萄酒的情景，其中最著名的是 Phtah-Hotep 墓址，距今已有 6000 年的历史。西方学者认为，这是葡萄酒业的开始。

公元前 6 世纪，希腊人把小亚细亚原产的葡萄通过马赛港传入高卢（现在的法国），并将葡萄栽培和葡萄酒酿造技术传给了高卢人。但是，在当时，高卢的葡萄和葡萄酒生产并不很重要。罗马人从希腊人那里学会葡萄栽培和葡萄酒酿造技术后，很快在意大利半岛全面推广。随着罗马帝国的扩张，葡萄栽培和葡萄酒酿造技术迅速传遍法国、西班牙以及德国莱茵河流域地区，并形成很大的规模。17 世纪以后至今，这些地区仍是重要的葡萄和葡萄酒产区。

15—16 世纪，葡萄栽培和葡萄酒酿造技术传入南非、澳大利亚、新西兰、日本、朝鲜和美洲等地。葡萄酒在中世纪的发展得益于基督教，葡萄酒跟随传教人士的足迹传遍世界。

17—18 世纪，法国开始在葡萄酒世界中声名远扬。波尔多和勃艮第两大产区是法国最知名的两个产区，代表了两种不同风格的高级葡萄酒。波尔多葡萄酒厚实、勃艮第葡萄酒优雅。然而这两大产区产量有限，并不能满足全世界所需。于是，20 世纪六七十年代开始，一些酒厂和酿酒师开始在全世界寻找适合的土壤、相似的气候来种植优质的葡萄品种，研发及改进酿造技术，整个世界的葡萄酒事业开始兴旺起来。

有些地区会根据葡萄酒产业发展的先后顺序，将具有较长连续酿酒历史的产酒国称为“传统葡萄酒产国”和将酿酒历史相对较短的产酒国称为“新兴葡萄酒产国”。传统葡萄酒产国主要以法国、意大利为代表，还包括西班牙、葡萄牙、德国、奥地利、匈牙利等，主要是欧洲国家。其生产的葡萄酒被称为旧世界葡萄酒，特点为注重个性、等级和严格的监

管制度；通常种植数量众多、品种各异的葡萄，在葡萄园管理方面主要依赖人工，并通过严格限制葡萄产量来保证葡萄酒的质量。

新兴葡萄酒产国主要有澳大利亚、美国、智利、新西兰和阿根廷等国家。其生产的葡萄酒被称为新世界葡萄酒，特点为更崇尚技术，多倾向于工业化生产，实行统一化、现代化、规模化的营销模式，在企业规模、资本、技术和市场上有很大的优势。新兴葡萄酒产国还大规模地把休闲旅游引入酒庄，更有利于向葡萄酒爱好者推广葡萄酒文化。

技能实训

请以小组为单位，在下列两项任务中任选其一：

任务 1：葡萄酒文化的挖掘与研究

请对葡萄酒文化进行深入挖掘，包括葡萄酒与食物的搭配、葡萄酒与文学艺术的关系、葡萄酒在传统庆典中的作用等，并对研究结果进行口头陈述或书面汇报。

任务 2：葡萄酒推广策略

请自选一家葡萄酒庄或葡萄酒博物馆，从社交媒体营销、品牌建设、葡萄酒活动开展等方面制定相应的文化推广策略。请以书面或口头的形式展示成果，并解释策略的理念。

反馈评价

评价内容	评价标准	自评	互评	师评
出勤 20%	按时出勤，未有无故迟到、早退、旷课现象。			
课堂学习 20%	积极投入理论学习，踊跃参与课堂互动。			
实训汇报展示 60%	内容准确性：能够提供准确的葡萄酒文化信息和相关数据。			
	深度和广度：深入研究葡萄酒文化的多个方面，包括历史、传统、食物搭配、艺术和文学等。			
	清晰性和逻辑性：展示结构清晰、逻辑严谨，易于理解。			
	引用和来源：能够引用可信的资料支持其研究			
	沟通能力：对于口头展示，表述清晰且能够使用适当的语言和语调；对于书面展示，具备良好的写作技巧，包括语法准确、拼写规范和文风有特色。			
	吸引力和兴趣：能够使用生动的例子、图片或多媒体元素引起观众或读者的兴趣。			
	反馈和互动：口头展示时能够回应听众的问题，与观众互动，并表现出对听众的关注和尊重。			

项目小结

本项目深入研究了葡萄酒的起源与发展，以中国葡萄酒发展的源起为出发点，梳理了中国葡萄酒的起源与发展，同时，联系其他国家和地区的葡萄酒起源与发展，最终呈现了国内外葡萄酒的历史发展全貌。以下是对本项目内容的小结：

第一，中国葡萄酒的起源与发展。从数千年前我国古代葡萄酒酿造的历史开始，到近现代中国葡萄酒产业的发展，包括宁夏、新疆等葡萄酒产区的崛起，中国作为一个新兴葡萄酒生产国，正逐渐赢得国际认可，并在世界葡萄酒市场上崭露头角。

第二，其他国家和地区葡萄酒的起源与发展。梳理了从古希腊和古罗马时期的葡萄酒文化到法国、意大利、西班牙等欧洲国家的葡萄酒传统。

第三，新世界与旧世界葡萄酒的对比。通过对新世界与旧世界葡萄酒在酒的风格和品种上的差异对比，理解葡萄酒的多样性，也反映了不同地域和文化对葡萄酒的影响。

如今，葡萄酒不仅是一种饮品，也是连接不同国家和文化的纽带，促进了全球化和跨文化交流，也将继续影响我们的饮食文化、社交生活和国际交流。

知识园地 · 中国故事

李白与葡萄酒

诗仙李白有“斗酒诗百篇”的名声，他十分钟爱葡萄酒。李白非常迷恋葡萄酒带给他的美妙感觉，恨不得一生都沉醉在葡萄酒中。他所作的《宫中行乐词八首》有这样的注：“奉诏作。(唐)明皇坐沉香亭，意有所感，欲得(李)白为乐章。召人，而(李)白已醉。左右以水面，稍解。援笔成文，宛丽精切。”《宫中行乐词八首》之三有：“卢橘为秦树，蒲萄出汉宫，烟花宜落日，丝管醉春风。笛奏龙吟水，萧鸣凤下空。君王多乐事，还与万方同。”他在《对酒》中写道：“蒲萄酒，金叵罗，吴姬十五细马驮。青黛画眉红锦靴，道字不正娇唱歌。玳瑁筵中怀里醉，芙蓉帐底奈君何。”

《襄阳歌》就是他的葡萄酒醉歌。他在《襄阳歌》中写道：“鸬鹚杓，鹦鹉杯，百年三万六千日，一日须倾三百杯。遥看汉水鸭头绿，恰以葡萄初酦醅。此江若变作春酒，垒曲便筑糟丘台。千金骏马换小妾，醉坐雕鞍歌《落梅》。车旁侧挂一壶酒，风笙龙管行相催。”李白幻想着将一江汉水都化为葡萄美酒，每天都喝它三百杯，一连喝它一百年。诗中的“酦醅”，意为酿酒。从诗中也可看出，当时葡萄酒的酿造已相当普遍。

项目二 葡萄酒的文化与旅游

项目导学

项目导语

- 葡萄酒不仅是一种美味的饮品，还是一种充满魅力的文化。探索葡萄酒及其背后的文化内涵，不仅是品鉴与尝试的旅程，更是一场融合了文化与旅游的探索。在本项目中，我们将一同深入探讨葡萄酒文化旅游的内涵，感受葡萄酒所承载的历史、传统和人文精髓。从自然资源到人文资源，从旅游目的地到中外知名的葡萄酒旅游胜地，本项目将文化旅游与葡萄酒知识相结合，以期构建更丰富的品酒体验。

知识目标

- 理解葡萄酒文化旅游的概念及内涵。
- 识别葡萄酒文化旅游中的自然资源和人文资源。
- 理解旅游目的地的相关概念。
- 了解知名葡萄酒旅游目的地及其特点和吸引力。

能力目标

- 能够分析葡萄酒文化旅游的各个要素，综合考虑自然和人文因素。
- 能够运用跨学科的知识，将葡萄酒与文化、地理、历史等领域相结合。
- 能够以生动的方式传达葡萄酒文化，与他人分享旅游体验。
- 初具规划和设计葡萄酒文化旅游体验的能力，包括选择目的地、安排行程和提供建议。

素养目标

- 通过深入了解葡萄酒文化旅游，增强文化自信，促进文化自觉。
- 强调可持续旅游和自然保护的重要性，培养生态文明观念。
- 通过介绍国内外葡萄酒旅游目的地，拓宽视野，促进全球化思维培养。

任务一 葡萄酒文化旅游概述

情境导入

随着互联网的飞速发展，电商平台不仅是购买葡萄酒的地方，还是一扇将人们带入葡萄酒文化和旅游世界的窗口。假设你是一名葡萄酒电商平台运营者，平台上销售着来自国内各个产区的葡萄酒，你会如何介绍这些葡萄酒及其产区呢?

在本任务中，我们将一同探讨葡萄酒文化旅游的内涵，探索葡萄酒与自然资源、人文传承的紧密联系，以及旅游目的地的吸引力。

知识精讲

参观葡萄酒文化城是葡萄酒文化旅游的一种形式。随着全域旅游的发展，观光休闲和多元化体验游都涌现出更多的形式。为了更好地发展葡萄酒文化旅游，首先需要理解葡萄酒文化旅游的概念和分类。

一、葡萄酒文化旅游的概念

（一）葡萄酒文化的含义

冯天瑜在《中华文化史》一书中对“文化”内涵中的四个层面（物态文化、制度文化、行为文化、心态文化）进行了定义：第一，物态文化是人的物质生产活动方式和产品的总和，包括物质文化和生态文化。第二，制度文化是人类在社会实践中组建的各种社会规范。第三，行为文化是一种以礼俗、民俗、风俗形态出现的见之于动作的行为模式。第四，心态文化又称“社会意识”，是人类在社会实践和意识活动中长期孕育出来的价值观念、审美情趣、思维方式等。

陈习刚在《中国葡萄文化史绪论》中由此引申得出“葡萄酒文化”，即以葡萄酒为主体的文化，其涵盖了物态文化、制度文化、行为文化和心态文化四大层面，涉及政治、经济、社会、科技、文化、生态等领域。具体地说，葡萄酒文化主要包括葡萄园的种植和葡萄酒的生产酿造及技术、葡萄酒庄的制度及规范、葡萄与葡萄酒经济贸易、葡萄与葡萄酒相关的精神文明层面的文化（如民俗、形象、观念、艺术、工艺品）等。

国内著名葡萄酒专家郭松泉给葡萄酒文化做出了如下的定义：人类在葡萄酒实践过程中所创造的精神财富和物质财富的总和，特指与葡萄酒相关的各种事物，如葡萄酒古董（文物）、葡萄酒著作（小说类、散文类和技术类）、葡萄酒研究和科学、葡萄酒培训和教育、葡萄酒艺术等。他进一步指出，葡萄酒文化是一种历史现象，每个产酒国和饮酒国都有与其相适应的葡萄酒文化，并随着社会文明的发展而发展，进而显示出明显的多元和差异。综合来看，葡萄酒文化应该包括与葡萄酒相关的一切人、事、物。此外，由于世界各国在历史、文化、宗教信仰、饮食以及生活习惯等方面各不相同，因此，围绕与葡萄酒相关的人、事、物虽然在某种程度上也遵循一定的共性，但同时，葡萄酒文化在各个国家都呈现出自己独有的特征。

（二）文化旅游的含义

在国外，自 1977 年夏西肯·特格波特和罗伯特·麦金托什提出文化旅游概念后，有代表性的定义如下：（1）1985 年，世界旅游组织（UNWTO）从广义和狭义两个层面对文化旅游的概念进行界定。广义上讲，文化旅游是“为了满足个体的各种需求而参与的增长见识、拓宽视野、改进所处环境（文化旅游之目的）的一切活动”；狭义上讲，文化旅游则是“人们为了满足基本的文化需求而开展的活动，包括民俗旅游、古迹旅游、节庆旅游、朝圣旅游、演艺旅游等”。狭义的定义中所出现的“文化需求”，主要基于精神性的文化领域。（2）1999 年，《国际文化旅游宪章》对文化旅游的含义做出阐述，其将文化自身和文化所处环境都看作文化旅游的核心。而文化环境不仅包括历史文化景观资源，也包括当地居民的风俗习惯、生活方式乃至旅游目的地自然景观资源。（3）1991 年，欧洲旅游与休闲教育协会（AT-LAS）又从概念性层面和具体可操作技术性层面概括了文化旅游的含义。概念性定义体现为：文化旅游是人们出于获得或满足文化需求而离开自己长住之地，去往文化资源所在目的地的非营利活动。技术性定义则被表述为：人们为了获取或满足自身文化方面的需求，到古代遗迹、艺术文化表演、艺术演义等文化资源所在地的全部非营利活动。与概念性定义相比，技术性定义主要在于指明文化资源目的地具体包括哪些种类。该分类的科学性尚显不足。（4）除了上述国际旅游机构对文化旅游概念做界定外，一些国外专家也对此进行了相关阐述。如赖辛格（Reisinger）认为文化旅游是一些对文化体验有兴趣的人们在前往旅游目的地后所发生的一切活动。歌邦（Grabum）认为文化旅游就是对“异质”事物的消费。厄里（Urry）和史密斯（Smith）从旅游人类学理论出发，认为文化旅游指人类记忆中一种正在消失的生活方式的图景或地方特色，是这种生活方式的残余。

关于国内对于文化旅游概念的界定，魏代俊、方润生专门回溯并总结了国内关于文化旅游含义的四种界定模式，即文化旅游是一种活动、一种产品、一种意识，所有的旅游都是文化旅游。从旅游要素出发分类解读文化旅游的含义，已得到一些研究者的重视。如肖宏等在研究文化旅游概念与模式时提出，从旅游者角度出发，文化旅游泛指以欣赏异国异地传统文化、追寻文化名人遗迹或参加当地举办的各种文化活动为目的而进行的旅游活动。而从产业的角度考虑，文化旅游主要是指为了满足旅游者的文化需求而提供的具有针对性的侧重于文化要素的旅游产品服务。文化旅游主要有以下三种定义。

定义 1：以旅游文化的地域差异性为诱因，以文化的碰撞与互动为过程，以文化的相互融洽为结果，它具有民族性、艺术性、神秘性、多样性、互动性等特征。文化旅游的过程就是旅游者对旅游资源文化内涵进行体验的过程，这也是文化旅游的主要功能之一，它给人一种超然的文化感受。这种文化感受以饱含文化内涵的旅游景点为载体，体现了审美情趣激发功能、教育启示功能和民族、宗教情感寄托功能。

定义 2：泛指以鉴赏异国异地传统文化、追寻文化名人遗迹或参加当地举办的各种文化活动为目的的旅游。寻求文化享受成为当前旅游业出现的新时尚。文化旅游产业是一个特殊的综合性产业，其因关联性高、涉及面广、辐射性强、带动性强而成为新世纪经济社会发展中最具有活力的新兴产业。文化旅游包括历史遗迹、建筑、民族艺术、宗教等内容，其涵盖性强，几乎可以囊括所有相关的产业。

定义3： 以人文资源为主要内容的旅游活动，包括历史遗迹、建筑、民族艺术和民俗、宗教等方面。文化旅游是近年才出现并流行的一个名词，它的出现与游客需求的转变密切相关。也有人认为文化旅游属于专项旅游的一种，是集政治、经济、教育、科技等于一体的大旅游活动。

综上所述，文化旅游就是以旅游经营者创造的观赏对象和休闲娱乐方式为消费内容，使旅游者获得富有文化内涵和深度参与旅游体验的旅游活动的集合。

（三）葡萄酒文化旅游的含义

迄今，对于“葡萄酒旅游”的定义仍未达成一致。霍尔（Hall）和麦休尼斯（Macionis）将“葡萄酒旅游业”定义为：“对葡萄园、酿酒厂、葡萄酒节及葡萄酒展览会的访问，这种访问是把品尝葡萄酒和对葡萄酒产地特征的体验作为主要访问目的。”南澳大利亚旅游委员会认为：“葡萄酒旅游是指游客访问葡萄酒厂及有关活动，其包括游客在访问主要旅游目的地途中对单一酒窖的短期访问，也包括将重点放在葡萄酒产地居住几天以亲身体验葡萄酒生产过程。”

Getz 指出葡萄酒旅游是：“游客对葡萄酒厂及葡萄酒产地访问和体验，它是一种新型的旅游目的地开发和营销方式，也是葡萄酒业直销的最佳机遇。”

国内学者在以上定义的基础上认为：“葡萄酒旅游是一种以葡萄酒及葡萄酒相关产品为主的一种旅游方式，葡萄酒、美食以及艺术是其核心产品。”

在文旅融合的今天，葡萄酒文化旅游的概念及内涵可以总结为：集一、二、三产业为一体的特色旅游，蕴藏深厚的历史内涵和高雅的现代文化，追求社会效益、经济效益与生态效益的统一。葡萄酒文化旅游是建立在葡萄产业及其自然生态环境、人文环境的基础上，以葡萄园生态种植文化、酒庄建筑文化、酒庄制度文化、酿酒文化、侍酒文化、康养文化、节庆文化、葡萄酒会展、葡萄酒艺术文化等文化资源为依托，通过观察、品尝、鉴赏、交流、体验等手段满足游客多重需求和多元体验的具有葡萄酒产业特色的旅游业态。在全域旅游、文旅融合时代，葡萄酒文化旅游也作为一种目的地营销策略，倡导着美好的生活方式。

（四）葡萄酒文化旅游的特征

与一般农业产业相比，葡萄与葡萄酒产业是朝阳产业，其具有生态约束性（也可称为地域不可复制性）、地域聚集性、产业关联性（农业、轻工业等）、文化属性及可持续性等特征。葡萄酒文化旅游作为以“葡萄酒与葡萄酒产业”为基础的高度融合产业，融合了以葡萄种植为依托的第一产业、以葡萄酒加工为依托的第二产业及以旅游度假为主的第三产业。结合“葡萄与葡萄酒产业”的特性与上述关于“葡萄酒文化旅游”概念内涵的讨论，可以得出：葡萄酒文化旅游表现出融合性、体验性、教育性、高品位性、文化性、猎奇性的特征。

1. 融合性

从资源禀赋来看，葡萄酒旅游资源中既有工业观光旅游中的工业设备及工业产品制作等资源，又有生态农业旅游资源中农业旅游资源的农作物（葡萄）、风景、气候等资源，同时兼具休闲旅游的特性。

2. 体验性

葡萄酒旅游把品尝葡萄酒和对葡萄酒产地特征的体验作为主要访问目的。葡萄酒旅游者的动机就是一种由低至高融入葡萄酒体验的过程，也体现出高度的参与性和体验性。

3. 教育性

葡萄酒旅游含有教育因素。葡萄酒旅游目的地不仅是娱乐、休闲的场所，更是一个普及生物及农作物知识的野外大课堂。游客在这里可以了解葡萄树生长的条件和特点，了解新技术下农业生产情况，亦可亲自动手参与，同时借助电视或电脑系统了解葡萄园的情况、葡萄的生长过程。

4. 高品位性

国外研究中，对葡萄酒旅游者的人口统计学特征的研究结果显示，葡萄酒旅游者具有明显的高学历和高收入特征。这类人对葡萄酒旅游的文化特征、旅游体验、产品品质有着更高的需求。

5. 文化性

葡萄酒旅游是一种葡萄酒文化之旅，在发展葡萄酒旅游过程中将葡萄酒文化、地域文化以及企业文化都充分地融入，增加了葡萄酒旅游的文化内涵。

6. 猎奇性

从葡萄园到博物馆（酒窖）再到工厂，旅游者可以看到一流的节水灌溉设施和机械化葡萄采摘设备，了解各个时代的酿酒工具、酿酒技术及酒窖，参观现代化的酿酒设备、生产流水线、科学的操作、先进的管理及琳琅满目的产品。

知识拓展 贺兰山东麓国际葡萄酒博物馆

宁夏的秋天是美好的，温度适宜、瓜果飘香，放眼望去，满是丰收的喜悦。这里即将迎来酿酒葡萄采摘的时刻。有一个地方，我们可以在那里探索葡萄酒的奥秘，学习葡萄及葡萄酒知识，品味美酒、感受葡萄酒文化，那就是贺兰山东麓国际葡萄酒博物馆。

贺兰山东麓国际葡萄酒博物馆

贺兰山东麓国际葡萄酒博物馆是由宁夏贺兰山东麓葡萄酒产业投资发展集团投资建设而成的，是集葡萄酒文化展示、品鉴交流、旅游休闲、商务宴请等功能于一体的博物馆，也是宁夏首座以葡萄酒为主题的博物馆。博物馆开放于2018年，整个场馆占地面积约8900平方米，是宁夏回族自治区领导接见外宾时了解贺兰山东麓产区的重要地点之一。博物馆近看宛如一朵含苞待放的郁金香，远看像是一个橡木桶，展现着自然之美，伫立在这座城市中，与湖泊呼应，景色宜人。

在博物馆的展厅里，我们可以了解葡萄酒的起源和发展。从古老的葡萄酒酿造工具到现代的酿酒设备，每个展品都承载着葡萄酒工艺的传承和创新。在这里，我们还可以了解酿酒葡萄种植、采摘、酿造等各个环节的精彩故事。

博物馆部分展品实景

博物馆内真实还原了贺兰山东麓产区种植葡萄的土层结构，参观者可以感受到葡萄藤蔓生长的力量。除了展览和品酒，贺兰山东麓国际葡萄酒博物馆还会举办各类主题活动和品酒课程。我们可以参加专业的品酒讲座，学习如何辨别葡萄酒的品质和风味，以及与葡萄酒搭配的美食。

二、葡萄酒文化旅游的分类

葡萄酒文化旅游资源是指在自然界和人类社会中，凡是存在葡萄种植和酿造，且对游客产生吸引力，能够激发旅游者旅游动机，为旅游业所利用，并能产生经济效益、社会效益和生态效益的自然和人文的各种事物和因素的集合。

（一）葡萄酒生态旅游

葡萄酒生态旅游可供开发的旅游资源主要包括两部分：一部分是自然资源，即葡萄园本身所具有的葡萄园景观和葡萄资源；另一部分是依托于自然生态衍生的人文生态资源，如不同葡萄园、产区及不同种植历史、不同的参观或采摘方式等都将造就不同的人文生态资源，乃至不同人员的参与（包括葡萄园工作者及游客）方式与倡导可持续发展的价值观念也会影响葡萄园的生态文明建设与整体生态文化旅游状况。

（二）葡萄酒工业旅游

葡萄酒工业旅游是指酒庄或酒厂在生产葡萄酒产品并满足生产需要的同时，以生产场景、生产设施、厂区环境，即葡萄酒在酿造车间的加工制造、酿造工艺，酒窖的发酵、贮存工艺等为资源，满足游客旅游、观光、休闲、求知等目的。与传统的工业旅游有所区别的是，葡萄酒文化旅游更注重从工业及工艺体验中探知出葡萄酒的酿酒文化，彰显葡萄酒的文化价值。

酒窖

（三）葡萄酒乡村文化旅游

乡村文化是与城市工业文化相对立的一种文化。葡萄酒乡村文化旅游则是以旅游度假为宗旨，以野外葡萄园为空间，以人文无干扰、生态无破坏为特色的旅游形式。它是利用葡萄种植农业景观和乡村空间吸引游客前来观光、采摘，体验民俗建筑、乡村生活的旅游活动，饱含趣味性与体验性。

葡萄采摘

（四）葡萄酒文化节庆旅游

旅游节庆也称旅游节日盛事活动，是指规模不等、有特定主题、在特定的时间和区域内，定期或不定期地举办能吸引区域内外大量游客的不同于人们常规生活、活动的各种节日庆典、集会、交易会、博览会、运动会等。利用葡萄酒所具有的丰富文化内涵和独特资源优势举办主题鲜明的葡萄酒节，是葡萄酒文化旅游开发的重要内容。节会期间还可举办一系列丰富多彩的与葡萄酒有关的文化活动，如品酒、品尝美食、购物等活动。

红酒马拉松

（五）葡萄酒艺术文化旅游

葡萄酒艺术文化旅游是以设立在葡萄酒庄里与都市中的葡萄酒博物馆及葡萄酒文化艺术交流中心为载体，为前来参观的游客展示葡萄酒的历史文化、世界葡萄酒名品（如葡萄酒酒器、葡萄酒名人名作、葡萄酒名画、葡萄酒音乐、葡萄酒摄影、葡萄酒工艺品、酒标等艺术展示等），以及通过新技术体验、现场品酒等活动让游客置身其中，难以忘怀。

（六）葡萄酒教育研学游

葡萄酒教育研学游是葡萄酒知识的研究性学习和旅游体验相结合的，学员集体参加的有组织、有目的的参观体验实践活动。以葡萄酒为主体的教育研学游的主要内容是结合葡萄酒产区的发展现状，向游客讲解葡萄酒文化、产区风土、产业发展等，带领游客到葡萄种植园学习葡萄种植、田间管理技术，在酒庄参观葡萄发酵，葡萄酒灌装、流水线包装全过程，并从色泽、香气、口感等方面进行品酒体验。

葡萄酒教育研学游

技能实训

实训 1：案例讨论

在我国古代，葡萄也称为蒲桃、蒲萄、葡桃、蒲陶，所以许多文人诗词中所提到的蒲桃、蒲萄等其实指的就是我们现在所说的葡萄。陆机在《饮酒乐》中写道："蒲萄四时芳醇，瑠璃千钟旧宾。夜饮舞迟销烛，朝醒弦促催人。春风秋月桓好，欢醉日月言新。"从文章中的蒲萄、瑠璃以及上下文可以看出葡萄酒在当时已经比较普遍，是贵族宴请宾客的一种常见饮品。

在南北朝时期，也有不少文人写了有关葡萄酒的诗词歌赋。庾信就在他的七言诗《燕歌行》中写道："蒲桃一杯千日醉，无事九转学神仙。定取金丹作几服，能令华表得千年。"诗中将饮用葡萄酒与服用长生不老的金丹相提并论，可见当时人们已认识到葡萄酒是一种健康饮品。

葡萄酒有着极浓的中国情味，只唐代一朝，关于葡萄酒的诗篇就有很多。唐朝时，许多诗人都喜欢喝葡萄酒。葡萄酒是视死如归的酒，让戍边将士们热血沸腾、豪情万丈。边塞诗人王翰在《凉州词二首》中的一首诗里云："葡萄美酒夜光杯，欲饮琵琶马上催。醉卧沙场君莫笑，古来征战几人回！"诗仙李白在《襄阳歌》中写道："落日欲没岘山西，倒著接䍦花下迷。襄阳小儿齐拍手，拦街争唱《白铜鞮》。旁人借问笑何事，笑杀山公醉似泥。鸬鹚杓，鹦鹉杯。百年三万六千日，一日须倾三百杯。遥看汉水鸭头绿，恰似葡萄初酦醅。此江若变作春酒，垒曲便筑糟丘台。"

陈习刚从唐诗角度对唐诗反映的葡萄种植、葡萄酒酿造及葡萄文化做了考察。据统计，涉及葡萄、葡萄酒的唐诗约 63 首（重收的 5 首），作者约 37 位。

问题 1：从葡萄酒相关的诗词文赋中思考和探究中国葡萄酒文化的发展脉络。

问题 2：从以上阅读材料中探知了葡萄酒文化的外延，请你说一说在葡萄酒文化旅游中如何利用好这些方面。

问题 3：根据阅读材料，总结出中西方酒文化的差异。

实训 2：设计方案

请以小组为单位，设计一个虚拟葡萄酒旅游套餐方案，方案需包含以下内容：

（1）目的地：选择一个葡萄酒产区（如宁夏），作为虚拟旅游套餐的目的地。解释为什么选择了这个目的地，包括其自然景观、历史和葡萄酒传统。

（2）套餐内容：包含每个项目的详细描述、时长、费用和服务。

（3）体验项目：如葡萄酒品鉴、葡萄园参观、文化体验、研学教育活动等。

（4）电子商务推广：制订一个电子商务推广计划，包括社交媒体宣传、网站设计、线上广告等。描述如何将虚拟旅游套餐推广给潜在客户。

反馈评价

评价内容	评价标准	自评	互评	师评
出勤 20%	按时出勤，未有无故迟到、早退、旷课现象。			
课堂学习 20%	积极投入理论学习，踊跃参与课堂互动。			
实训 方案策划 60%	目标明确性：方案有明确的目标和期望的结果；方案清楚定义了目标受众。			
	策略合理性：推广策略与目标相一致；能够选择适当的推广渠道和工具。			
	创意和吸引力：方案有创意，能够吸引目标受众的注意；方案中包含有趣、引人入胜的元素。			
	可执行性：方案考虑到资源、时间和预算的限制，有详细的执行计划，具备一定的可行性。			
	目标受众分析：方案充分分析了目标受众的需求、兴趣和行为。			
	清晰的沟通：口头展示时，能够清晰地表述方案内容，并使用适当的语言和语调；书面展示能体现良好的写作技巧，包括语法准确、拼写规范和文风有特色。			

任务二　葡萄酒文化旅游资源概况

情境导入

作为一名热衷葡萄酒的旅游达人，你的每次旅行都伴随着对不同产区葡萄酒文化的探索。你曾站在葡萄园中，仰望蔚蓝的天空，感受葡萄树和土地之间奇妙的联系。你梦想有一天，能够将这种美妙的体验分享给更多人，让他们也能够领略到葡萄酒文化旅游的魅力。

这次的任务让我们一起踏上一次令人难忘的葡萄酒文化之旅，共同探索葡萄酒产区的自然景观和人文资源，感受葡萄酒与文化的深厚联系。

知识精讲

一、葡萄酒文化自然旅游资源

自然旅游资源是指自然界中能对旅游者产生吸引力，可以为旅游业所开发利用，并产生经济效益、社会效益和环境效益的各种事物和因素（见表 2-1）。它是人文旅游资源形成以及葡萄酒文化旅游产生和发展的基础。

表 2-1　自然旅游资源分类

主类	亚类	基本类型
地文景观	自然景观综合体	山丘型景观；台地型景观；沟谷型景观；滩地型景观
	地质与构造形迹造	断层景观；褶曲景观；地层剖面；生物化石点
	地表形态	台丘状地景；峰柱状地景；垄岗状地景；沟壑与洞穴；奇特与象形山石；岩土圈灾变遗迹
	自然标记与自然现象	奇异自然现象；自然标志地；垂直自然地带
水域景观	河系	游憩河段；瀑布；古河道段落
	湖沼	游憩湖区；潭池；湿地
	地下水	泉；埋藏水体
	冰雪地	积雪地；现代冰川
	海面	游憩海域；涌潮与击浪现象；小型岛礁
生物景观	植被景观	林地；独树与丛树；草地；花卉地
	野生动物栖息地	水生动物栖息地；陆地动物栖息地；蝶类栖息地
天象与气候景观	天象景观	太空景象观赏地；地表光现象
	天气与气候现象	云雾多发区；极端与特殊气候显示地；物候景象

（一）地文景观

地文景观是地球在漫长的地质年代，经过复杂的地质作用而形成的基于岩石或土壤的自然旅游资源，它是影响其他自然旅游资源形成的重要因素，主要包括自然景观综合体、地质与构造形迹造、地表形态、自然标记与自然现象四个亚类。其中自然景观综合体包括山丘型景观、台地型景观、沟谷型景观、滩地型景观四种基本类型；地质与构造形迹造包括断层景观、褶曲景观、地层剖面、生物化石点；地表形态包括台丘状地景、峰柱状地景、垄岗状地景、沟壑与洞穴、奇特与象形山石、岩土圈灾变遗迹；自然标记与自然现象包括奇异自然现象、自然标志地、垂直自然地带等。

不同的地质作用造就了全球各葡萄产区千姿百态的地文景观。就地形地貌方面，葡萄产区以中山、低山、丘陵、谷地、平川地、滩地等地形为主，由此而蕴含着复杂多样的自然景观综合体、地质与构造形迹造、地表形态、自然标记与自然现象等地文景观。这些地文景观为开发诸如研学、科考、探险、户外运动等项目提供了很好的条件，是拓展和丰富葡萄酒文化旅游产品类型的重要自然旅游资源。如具有山岳旅游资源的葡萄产区，可结合峰峦起伏、自然风光、宜人气候等自然条件，开发登山健身、休闲观光等旅游产品。法国勃艮第葡萄产区，在其葡萄园山坡地形后面的石灰岩悬崖峭壁是攀岩爱好者的理想场所，因此攀岩活动成为该地区最迷人的户外活动之一。而具有喀斯特、风沙、海岸、花岗岩、砂岩峰林、黄土、土林、冰川等特色地貌旅游资源的葡萄产区，可开发地貌观光探险、研学教育等旅游产品。位于阿根廷西北部的门多萨葡萄产区，周边有安第斯山脉高大的雪山和南美洲最高的阿空加瓜山，是众多登山者的中途休息站和大本营，其他诸如徒步旅行、骑马旅行、漂流、滑雪等的户外运动爱好者也都汇聚在这里。中国新疆吐鲁番葡萄沟葡萄产区，其西侧的火焰山主要由中生代的侏罗纪、白垩纪和第三纪的赤红色砂、砾岩和泥岩组成，而葡萄沟系火焰山西侧的一个峡谷，沟谷狭长平缓，沟谷西岸悬崖对峙、崖壁陡峭，沟内溪流环绕、水质纯净，是观光游览、户外运动的绝佳场所。

（二）水域景观

水域景观的各类水体是受气候、地形地貌等自然因素影响而形成的自然旅游资源，也是塑造地表各类地貌类型的重要因素，主要包括河系、湖沼、地下水、冰雪地和海面五个亚类。其中河系包括游憩河段、瀑布和古河道段落三种类型；湖沼包括游憩湖区、潭池、湿地；地下水包括泉和埋藏水体；冰雪地包括积雪地和现代冰川；海面包括游憩海域、涌潮与击浪现象、小型岛礁等。

全球葡萄产区主要位于温带湿润、半湿润半干旱和干旱的内陆和沿海地区，具有如上所述的丰富多样的水域景观，各葡萄产区可以利用不同水体的水形、水态、水声、水色、水味、水温等要素，开发观光游览、康养健身、休闲度假及研学旅行等旅游产品，丰富和优化葡萄酒文化旅游产品的类型。地处波河南岸丘陵区的皮埃蒙特是意大利最负盛名的葡萄产区之一，波河及其北部的马焦雷湖与奥尔塔湖优美的自然风光是该区葡萄酒文化旅游发展的重要自然资源。德国西南部的摩泽尔葡萄产区，位于蜿蜒曲折的摩泽尔河的两岸，摩泽尔河的自然风光与葡萄园、酒庄等和谐互融，构成一幅美丽的画卷。位于澳大利亚西部的玛格丽特葡萄产区风景如画，这里三面环海，有超过 60 座大大小小的葡萄园，这里还以冲浪海滩、石灰岩洞穴、游泳、钓鱼著称。宁夏贺兰山东麓葡萄产区虽然地处干旱和半干旱地区，但该产区由于地处特殊的贺兰山前地质构造及洪积扇上，形成了较为丰富的埋藏于地下的温度适宜、具有矿物元素的地下热水资源，这为葡萄酒文化旅游目的地的休闲度假等高端旅游产品的开发提供了很好的资源条件。再如胶东半岛葡萄产区烟台、蓬莱、青岛等东靠渤海湾，依托优质海域资源开发的休闲娱乐旅游产品最受游客青睐。

（三）生物景观

生物景观是受气候、地形和水文等自然因素影响而形成的自然旅游资源，主要包括植被景观、野生动物栖息地两个亚类。其中植被景观包括林地、独树与丛树、草地、花卉地四种类型；野生动物栖息地包括水生动物栖息地、陆地动物栖息地、蝶类栖息地。生物景观是自然旅游资源总体系中最富有特色、最具有生机的类型，并且由于拥有部分人文造景因素，因此比其他自然旅游资源具有更多的旅游功能。

全球葡萄产区由于气候、地形及水文等自然因素的区域差异，本身具有多样化的葡萄园景观，同时其他植被景观、野生动物栖息地等也存在多样性。由于生物资源的多样性、季节性、观赏性和冶情性等特点，我们可以通过挖掘和利用其观赏价值、文化科研价值、美化净化环境价值等，结合葡萄园及葡萄酒庄景观开发观光游览、研学旅行、康养度假和科学研究等多种旅游产品。位于亚平宁山脉西部的意大利托斯卡纳葡萄产区，在山地、平原、丘陵等不同地貌上，葡萄园与山坡上的草地、森林镶嵌分布、交相辉映，是一处葡萄园观光旅游的绝佳目的地。西班牙西北部的加利西亚葡萄产区邻近大海，这里不仅可以品尝到世界上最好的阿尔巴利诺葡萄酒和各类海鲜，而且也是沙丁鱼爱好者的圣地。澳大利亚猎人谷葡萄产区的中心，在25公顷的土地上有12种景观壮丽的主题花园，园内万紫千红、争奇斗艳，四周有美不胜收的葡萄园和壮丽的群山环绕，是澳大利亚主要的人气观光景点。新西兰马尔堡葡萄产区，地处南岛最著名的海湾，这里栖息着许多美丽的鸟类和海洋生物，包括燕鸥、鹭鸶、小蓝企鹅、海豚和海豹，以及灌木林和海滩，景色壮阔雄伟。

（四）天象与气候景观

天象和气候景观包括天象景观和天气与气候现象两个亚类。天象景观是发生在太空、天体等的各类天文景象，天气与气候现象是发生在地球大气层中的冷热、干湿、风云、雨雪、霜雾、雷电等气象现象与气候过程，这些气象和气候过程是水域景观、生物景观形成的决定性因素，也是塑造地文景观的重要因素，是自然界中最活跃、最具变化性的因素。其中天象景观包括太空景象观赏地（各种日月星辰、极光等太空现象的观赏地）、地表光现象；天气与气候现象包括云雾多发区、极端与特殊气候显示地和物候景象（包括各种植物的发芽、展叶、开花、结果、落叶等景象）。

全球各葡萄产区由于纬度位置、海陆位置及海拔不同，形成了丰富多彩的天象景观以及天气与气候现象，是发展葡萄酒文化旅游重要的自然资源。新疆吐鲁番葡萄产区属于典型的大陆性暖温带荒漠气候，日照充足、热量丰富但又极端干燥，降雨稀少且大风频繁，故有“火洲”“风库”之称，当地素有“沙窝里烤熟鸡蛋”“石头上烤熟面饼”之说，结合葡萄酒美食可以开发一些文化体验性的旅游活动。新西兰由于地广人稀，光污染较少，除特卡波湖及麦肯齐盆地地区，在马尔堡等著名葡萄产区也很容易找到受光污染较少的地方来观赏星空。宁夏贺兰山东麓葡萄产区地处高海拔的干旱半干旱地区，具有云层稀薄、空气质量优良和晴天率高的气象气候特点，因此这里是观测日月星辰等天象的理想区域。这一特点增强了葡萄酒文化旅游景观的层次性，也是开发研学旅行、休闲度假、康养健身等旅游产品很好的自然资源。

二、葡萄酒文化人文旅游资源

人文旅游资源一般是指古代人类社会活动的遗迹、现代人类社会活动的产物，如古建筑、历史名城、园林、革命历史遗迹、民族风情等（见表2-2）。人文旅游资源具有多样性、垄断性、易损性、可创新性、吸引力的定向性等特点。

表 2-2　人文旅游资源分类

主类	亚类	基本类型
建筑与设施	人文景观综合体	社会与商贸活动场所；军事遗址与古战场；教学科研实验场所；建设工程与生产地
		文化活动场所；康体游乐休闲度假地；宗教与祭祀活动场所
		交通运输场站；纪念地与纪念活动场所
	实用建筑与核心设施	特色街区；特性屋舍；特色市场；特色店铺
		独立厅、室、馆；独立场、所
		桥梁；渠道、运河段落；堤坝段落；港口、渡口与码头
		洞窟；陵墓
		景观农田；景观牧场；景观林场；景观养殖场
	景观与小品建筑	形象标志物；观景点；塔形建筑
		亭、台、楼、阁；牌坊、牌楼、影壁
		书画作；雕塑；碑碣、碑林、经幢
		门廊、廊道；景观步道、甬路；花草坪；水井；喷泉；堆石
历史遗迹	物质类文化遗存	建筑遗迹；可移动文物
	非物质类文化遗存	民间文学艺术；地方习俗；传统服饰装饰；传统演艺；传统医药；传统体育赛事
旅游购品	农业产品	种植业产品及制品；林业产品及制品；畜牧业产品及制品；水产品及制品；养殖产品及制品
	工业产品	日用工业品
		旅游装备产品
	手工工艺品	文房用品；织品、染织；家具
		陶瓷；金石雕刻、雕塑制品；金石器
		纸艺与灯艺；画作
人文活动	人事活动记录	地方人物；地方事件
	岁时节令	宗教活动与庙会
		农时节日、现代节庆

（一）建筑与设施

建筑与设施是融入旅游的某些基础设施或专门为旅游开发而建设的建筑物和场所，主要包括人文景观综合体、实用建筑与核心设施、景观与小品建筑三个亚类。其中人文景观综合体包括社会与商贸活动场所、军事遗址与古战场、教学科研实验场所、建设工程与生产地、文化活动场所、康体游乐休闲度假地、宗教与祭祀活动场所、交通运输场站、纪念地与纪念活动场所等；实用建筑与核心设施包括特色街区、特性屋舍、特色市场、特色店铺、桥梁、渠道及运河段落、洞窟、陵墓、景观农田、景观牧场、景观林场、景观养殖场等；景观与小品建筑包括亭、台、楼、阁、雕塑、牌坊、碑林、廊道、景观步道、花草坪等。葡萄酒文化中的建筑与设施主要有葡萄酒庄及酒窖、葡萄酒庄园内的亭台楼阁及雕塑、葡萄酒博物馆等。各个葡萄园的发展历史不同，因此造就了不同的葡萄庄园文化。

葡萄酒庄起源于欧洲中世纪的贵族庄园，随着社会的进步，酒庄所扮演的角色也在发生变化。酒庄最初是葡萄酒的酿造和储藏场所，后来增加了葡萄酒的旅游功能，成为品尝葡萄酒和传播葡萄酒文化的场所。现在，酒庄建筑和葡萄酒一样是酒庄的标志，是酒庄文化的最好诠释。一方面，酒庄旅游满足了国内外诸多葡萄酒爱好者的旅游需求；另一方面，酒庄旅游展示出了千百年积淀下来的酒庄文化，让越来越多的人了解酒庄。近年来，我国建造的酒庄绝大多数采用欧式建筑风格，虽然迎合了市场的需求，但是却丧失了民族的风格和特色。我国是世界葡萄的起源地之一，已经有 2000 多年的葡萄酒酿酒史。我国的葡萄酒文化源远流长、博大精深，具有丰富的内涵。所以中国在建造葡萄酒庄时，应该结合中国的地域传统、自然气候条件和传统文化，建造有中国特色的葡萄酒庄，更好地弘扬中国的葡萄酒文化，彰显中国的传统建筑风格和民族特色，诠释中国特色葡萄酒庄的文化品位。

葡萄酒博物馆是葡萄酒文化的浓缩和精髓，是重要的葡萄酒文化旅游资源。葡萄酒从产生到现在，已有 6000 多年的历史。围绕葡萄酒所产生的葡萄酒文化内涵丰富厚重。数千年来不断改进和提高的葡萄栽培技术、葡萄酒酿造技术、葡萄酒的法律法规制度、酒俗酒礼、饮酒器皿以及文人墨客所创作的与葡萄酒相关的书画、诗文词句和葡萄酒品饮的礼节、风俗、逸闻等都是葡萄酒博物馆可供开发的文化旅游资源。葡萄酒在我国的发展已有 2000 多年的历史，从张骞出使西域引进葡萄品种及葡萄酒的酿造技术，到 1892 年张裕开启中国近代葡萄酒工业，葡萄酒文化中也融入了更多中华文明的元素。独具特色的中国葡萄酒发展历史和葡萄酒文化是我国开发葡萄酒博物馆旅游资源的优势。张裕葡萄酒博物馆是目前我国建成的比较成功的葡萄酒博物馆，馆内展示了葡萄酒的发展历史、百年张裕的发展历程、世界葡萄酒行业介绍和世界名品，还有葡萄酒酿造流程的沙堆演示、微型灌装线现场取酒、现场品酒等活动，使得游客在旅游过程中增强了对于葡萄酒文化的体验。

（二）历史遗迹

历史遗迹是指人类社会经历漫长的生产生活等社会实践活动创造而遗存至今的遗址、遗迹、遗物及遗风等，主要包括物质类文化遗存和非物质类文化遗存两个亚类。其中物质类文化遗存包括建筑遗迹和可移动文物；非物质类文化遗存包括民间文学艺术、地方习俗、传统服饰装饰、传统演艺、传统医药和传统体育赛事。葡萄酒文化中的历史遗迹比较典型的是我国古代文人诗词中关于葡萄种植、葡萄酒酿造及其他关于葡萄文化的内容。魏晋南北朝时期，我国葡萄酒开始生产并发展起来，从以陆机为代表的文人名士的诗词歌赋中能够看出葡萄酒在当时盛行的境况。唐宋两朝是我国古代酿造葡萄酒的高峰时期，文人墨客吟诵葡萄酒的诗句不胜枚举，葡萄酒文化可以说发展到了极致。

（三）旅游购品

旅游购品是旅游者在旅游活动中所购买的富有民族、地方特色的，对旅游者具有强烈吸引力以及具有纪念性、针对性、艺术性和礼品性的物质产品，也就是旅游者所购买的商品，主要包括农业产品、工业产品和手工工艺品三个亚类。其中农业产品包括种植业产品及制品、林业产品及制品、畜牧业产品及制品、水产品及制品、养殖产品及制品；工业产品包括日用工业品和旅游装备产品；手工工艺品包括文房用品、织品、染织、家具、陶瓷、金石雕刻、雕塑制品、金石器、纸艺与灯艺、画作。葡萄酒文化中的旅游购品主要有葡萄酒酒器及文化艺术收藏品等。

葡萄酒历来讲究美酒美器，酒器作为葡萄酒文化的一部分，历史悠久、千姿百态。酒器文化也是葡萄酒文化旅游资源中重要的一类。从功能上来分，葡萄酒酒器可以分为储酒酒器、盛酒酒器、饮酒酒器三大类。储酒酒器，主要是指在葡萄酒陈酿过程中所使用的器皿，比较常用的是橡木桶。橡木桶储藏过的葡萄酒优雅醇厚，日益得到消费者和世界各地的酿酒师的认可和青睐。如今，橡木桶不仅作为藏酒器具而被人们使用，在很多人看来，它还被视为一种艺术、一种文化，是身份和品位的象征。橡木桶和与其配套的木制工艺使其产品具有极高的实用性和收藏价值。葡萄酒杯的种类繁多、用途各异。讲究葡萄酒与杯的搭配，不仅出于外在的观感，更有科学的道理。不同造型、弧度的酒杯对于酒液的香气与口感所造成的影响很大。酒杯虽然不会改变酒的本质，但是酒杯的形状却可以决定酒的流向、气味、品质以及强度，进而影响酒的香度、味道、平衡性及余韵。奥地利的醴铎酒杯是葡萄酒杯中的知名品牌酒杯，其研究人员一直致力于研究酒杯形状与尺寸对葡萄酒的香气与味道的影响。喝不同的葡萄酒要选用不同的酒杯，如香槟的杯子是细长的，有利于欣赏气泡的上升；白葡萄酒杯的杯肚和杯口都显得偏小，这样更容易聚集酒的香气，同时不至于让香气扩散太快；红葡萄酒酒杯则肚子大一些，原因在于红葡萄酒通常需要氧气让酒里面的香气释放出来。同时，酒杯的材质也是评判酒杯与酒品是否匹配的标准。玻璃或水晶材质的酒杯，可以更好地欣赏葡萄酒的色泽。葡萄酒酒器的选择处处体现着葡萄酒悠久的历史文化韵味。所以，在葡萄酒文化旅游资源类型中，酒器的开发也是一个不可忽视的环节。具有特色的酒器文化是葡萄酒文化的重要组成部分，因此酒器旅游资源的开发是葡萄酒文化旅游开发不可缺少的一项重要内容。

（四）人文活动

人文活动是不同地域的人们在长期适应自然环境的过程中发生的重要事件或特定行为，具有鲜明的时代性、地域性和差异性，主要包括人事活动记录和岁时节令两个亚类。其中人事活动记录包括地方人物和地方事件；岁时节令包括宗教活动与庙会、农时节日和现代节庆。葡萄酒文化中的人文活动主要是与葡萄酒相关的重要人物和事件、葡萄酒节庆活动等。

旅游节庆也称旅游节日盛事活动，是指规模不等、有特定主题、在特定的时间和区域内，定期或不定期地举办的，既能吸引区域内外大量的游客，又不同于人们常规的生活、活动和节目的各种节日庆典、集会、交易会、博览会、运动会、文化生活等。利用葡萄酒所具有的丰富的文化内涵和独特的资源优势举办主题鲜明的葡萄酒节，是葡萄酒文化旅游开发的重要内容。通过节日氛围吸引游客游览葡萄种植园及购买葡萄酒，是创办葡萄酒文化节的目的。例如：在法国红酒节以及葡萄酒节，主办方会准备当地特色食物、美酒以及文化演出等活动，为游客提供视觉及味觉的美好体验。烟台每年都会举办一些展会活动，如国际葡萄酒博览会。节会期间还可以举办一系列丰富多彩的与葡萄酒有关的文化活动，如开展葡萄酒知识与文化的讲座、品酒、品尝美食、购物等活动。在一些新兴的葡萄酒产地，葡萄酒节庆旅游作为一项重要的旅游活动被开发出来，如品尝当地小吃、住宿餐饮、音乐戏剧、各种艺术工艺品、养生保健等。葡萄酒节庆会展游可以树立葡萄酒文化节庆会展旅游的品牌特色，如每年的葡萄酒博览会期间，举办“红酒味道”活动，让游客可以对比品尝到各个酒庄的葡萄酒，了解了不同品种的差异后，再去体验葡萄酒与当地特色食物的搭配；对接对游客开放的葡萄酒庄，去参观葡萄园，体验采摘的乐趣。创办葡萄酒文化节，一方面能宣传当地旅游形象，推动葡萄酒旅游发展；另一方面可以带动地区经济的快速发展，进而实现创办葡萄酒文化节的目标。

拓展阅读：穿梭于葡萄长廊 感受紫色浪漫 近4000名跑友用脚步丈量“醉美西夏区”

“三、二、一……”9月17日上午8时，伴随着响亮的发令枪声，近4000名区内外跑友在巍峨雄浑的贺兰山下激情出发，在奔跑中领略万亩葡萄长廊，用脚步丈量“醉美西夏区”。备受关注的“中国体育彩票杯”2023宁夏贺兰山东麓葡萄酒产区半程马拉松路跑双季赛（以下简称路跑双季赛）（金秋赛）在西夏区贺兰山运动公园鸣枪开跑。

2023宁夏贺兰山东麓葡萄酒产区半程马拉松路跑双季赛现场

来自上海的Celia今年29岁，是一名品酒师，她在网上看到路跑双季赛报名的通知后第一时间就报名了。“因为自己学习的就是葡萄酒专业，所以很早就关注到宁夏产区，但一直没有机会来。”参加完半程马拉松，Celia约了志辉源石、银色高地、留世等酒庄参观考察，她说：“了解宁夏产区的葡萄品种、酿酒工艺等，对我来说是一种学习。”

路跑双季赛现场，来自西夏区镇北堡西部影城、漫葡小镇、西夏风情园、西夏陵等多家景区的NPC集体“出逃”，在贺兰山下上演了一场“神仙打架”。具有西夏区地域属性的NPC不仅全程跟随路跑的队伍，在赛事终点，还用自己特有的方式和完赛跑友们击掌庆贺，不少跑友在赛事结束后纷纷拿出手机和NPC们合影。

2023宁夏贺兰山东麓葡萄酒产区半程马拉松路跑双季赛NPC

来自西安的潘女士刚刚领到半程马拉松参赛包就录了视频向网友“汇报”：“今年的参赛包里不仅有能量胶、盐丸、正品的速干衣，居然还赠送了一小瓶葡萄籽，这个很意外、很惊喜，也很暖心！”

原来，为了让参赛选手对宁夏贺兰山东麓葡萄酒产区有更加直观的了解和更丰富的体验，赛事主办方精心收集了贺兰山东麓的葡萄籽，选手们可以带回去试着种一种。同时，为半程马拉松完赛选手赠送贺兰山东麓优质葡萄酒一瓶，让跑友们直呼“太上头”。为充分保障赛事，赛事组委会组织了超过千人的保障团队，参与安保、医疗、志愿者、应急、通信、电力、气象、环境整治等方面的保障服务工作，共同守护选手们的健康安全，以金牌品质全力保障运动员顺利完赛。

资料来源：佚名．穿梭葡萄长廊　感受紫色浪漫　近4000名跑友用脚步丈量“醉美西夏区”．搜狐网．

技能实训

请以小组为单位，完成以下任务：请自选一个国内的葡萄酒产区，设计一场融合葡萄酒文化的马拉松跑步活动。活动的目的是宣传中国葡萄酒产区，提高该产区的知名度，促进葡萄酒旅游的发展。

作为葡萄酒旅游规划团队，需要深入了解葡萄酒文化旅游资源的自然和人文属性，为参赛者提供多样化的体验。你需要为方案做一次路演，包含内容如下：

（1）目的地选择：选择一个葡萄酒产区或葡萄酒旅游目的地（城市）作为马拉松活动的举办地，并解释为什么选择这个目的地，内容应包含但不限于葡萄酒产业和文化资源等优势。

（2）马拉松路线规划：设计一条适合马拉松的路线，包括起点、终点和途经的葡萄酒庄园、旅游景点和历史遗迹等。考虑路线的长度、难度和安全性。

（3）人文资源：调研目的地的人文资源，包括当地文化、历史、传统和葡萄酒文化。思考如何将这些资源融入活动中，以提供丰富的葡萄酒文化体验。

（4）自然资源：调研目的地的自然资源，包括风景名胜、自然保护区和景观。思考如何将自然资源融入活动中，以提供难忘的自然体验。

（5）宣传海报：制作一张宣传海报，宣传该葡萄酒主题马拉松活动。海报应包括活动详情、日期、费用、联系信息和吸引人的图像。

（6）呈现方式：准备一份完整的马拉松活动计划书，包括路线地图、活动安排和安全措施，并附上宣传海报。

反馈评价

评价内容	评价标准	自评	互评	师评
出勤 20%	按时出勤，未有无故迟到、早退、旷课现象。			
课堂学习 20%	积极投入理论学习，踊跃参与课堂互动。			
实训 方案策划 60%	目标明确性：方案有明确的目标和期望的结果；方案清楚定义了目标受众。			
	策略合理性：马拉松路线规划合理、安全、有吸引力，并且考虑了目的地的文化和自然资源。			
	创意和吸引力：能够将目的地的人文和自然资源融入活动，以提供丰富的文化和自然体验。推广方案有创意，能够吸引目标受众的注意；方案中包含有趣、引人入胜的元素。			
	可执行性：方案考虑到资源、时间和预算的限制，有详细的执行计划，具备一定的可行性。			
	清晰的沟通：口头展示时能够清晰地表述方案内容，并使用适当的语言和适合的语调；书面展示应体现良好的写作技巧，包括语法准确、拼写规范和文风有特色。			

任务三　国内外葡萄酒旅游目的地

情境导入

假设你是一名富有激情的侍酒师，一直致力于为葡萄酒爱好者提供卓越的葡萄酒体验。今天，你正坐在品酒室中，与一群来自不同国家的葡萄酒爱好者分享一瓶珍藏的葡萄酒。在这个令人陶醉的时刻，一个问题不断在你的脑海中回响：下一个葡萄酒之旅应该前往哪里？

葡萄酒旅游是一种独特的体验，它将你的味蕾与目的地的自然和文化联系在一起。每个葡萄酒产区都有其独特的故事、丰富的历史和卓越的葡萄酒传统。在本任务中，你可以从侍酒师的视角，探索国内外葡萄酒旅游目的地，了解每个目的地的特点，包括其壮丽的风景、葡萄酒产业的蓬勃发展、当地的文化遗产和与葡萄酒相关的精彩活动。这将有助于你为不同类型的客户量身定制或推荐完美的葡萄酒之旅。

知识精讲

一、旅游目的地相关理念

关于旅游目的地的研究，最初由美国学者提出“目的地地带”的概念，后来逐步从地理空间概念向知觉性概念过渡。2004 年，世界旅游组织确切地将旅游目的地定义为包括旅游产品和服务的物理空间，这个空间是具有地理区域和行政界线的。国内外学者对旅游目的地的定义方式和关注重点各有不同。保继刚、崔凤军等强调了旅游目的地是地理空间集合的关系，是拥有整体形象的旅游吸引物的开放系统。从空间范围的视角来看，旅游目的地不仅指旅游胜地，也指景区、城镇、村落等旅游区域或旅游城市，还指整个国家，甚至跨越国家界线。从旅游效应的视角来看，旅游目的地与游客的旅游动机和行为有关。Rodolfo Baggio 等认为旅游目的地可以被描述为一个复杂的网络系统，包含资源和服务，旅游产品的组成部分及其之间的关系。此外，旅游目的地的核心要素包括地理空间、旅游吸引物、基础设施、旅游服务、市场规模、居民认同等。综上，旅游目的地是指以旅游吸引物为基础，设施和服务等各项旅游要素协调发展，能满足一定规模旅游者消费需求的宏观或微观的旅游区域。

总体来说，特色旅游目的地不仅具有大众旅游资源的共性，而且有其资源的独特性。特色旅游目的地是指具有自然或人文特色旅游资源，拥有独特魅力的文化内涵以及特色旅游产品及服务，并能吸引游客的区域。其中，特色旅游资源及其核心吸引力是该区域能否成为特色旅游目的地的关键因素。

英国萨里大学的伯卡特和梅特里克在其合著的《旅游的过去、现在和未来》中认为，“旅游目的地是指旅游者作为独立中心所访问的地理单元”。

目前，尽管该概念是分析旅游现象时常用的术语之一，但学术界从不同的方面，如人类、社会、生命科学等角度对“旅游目的地”这一概念存在不同的看法。（1）空间研究法认为，旅游目的地是一个包含旅游产品的地理区域，它可以激励游客，鼓励旅游活动。（2）经济研究法从需求和供给角度进行分析，认为旅游目的地是指旅游者出于自己的特殊动机，将旅游目的地和旅游景点纳入考虑范围的一种情况或地方。这种情况在地理上可以是有限的历史或考古遗迹，也可以是一个国家或一组国家的地理区域。（3）管理研究法将旅游目的地视为一种产品，认为目的地可以被看作本地所有产品、服务和最终体验的组合。（4）系统研究法则将旅游目的地定义为一个不受行政限制的区域，在该区域内，旅游方面以系统的方式相互关联和集成，从而驱动旅游动机、访问和行业机制。（5）网络研究法认为旅游目的地是一系列对游客产生吸引力的设施，包括设备、服务与组织等。

旅游目的地在西方有关的文献中也被称为 tourism area 或 tourism places。从字面上理解“旅游目的地”一词，就是能够满足旅游者终极目的的地点。从传统上讲，旅游目的地是指那些有实际或可识别边界（如自然边界、政治边界以及由于市场划分而形成的边界）的地方。一般的旅游目的地有两种：一种是指以产品复合体为吸引物的旅学目的地；一种是以地理或人文资源为吸引物的旅游目的地。

从传统的旅游理论来看，旅游目的地更多的是从地理意义上来进行分类，比如按照城市、地域等进行分类。英国学者霍洛韦指出，具体的旅游胜地、一个城镇或整个国家或者地球上一片更大的地方都可以成为旅游目的地。布哈利斯把旅游目的地的范围设定为一个特定的已知地理区域，在这个区域当中，旅游消费者被看作一个政府框架，这个政府框架是独立的、完整的且有统一旅游业管理和规划。

2004 年，世界旅游组织确切地将旅游目的地定义为物理空间，在这个空间内平均每个游客起码待一个晚上，这个空间包括旅游产品和服务，是具有地理区域和行政界线的，可以通过影响市场竞争力等方面的要素来体现管理活动、形象和旅游者满意度。

保继刚指出，旅游目的地是旅游者停留活动的地方，是指附着在一定地理空间上的旅游资源，并且将其基础设施及相关设施统一联系在一起。崔凤军提出，旅游目的地是一个拥有统一整体形象的旅游吸引物的开放系统。以空间尺度作为衡量标准，旅游目的地可以划分为不同类型。

旅游目的地要素的核心内容：有独特的旅游吸引物，有足够的市场空间和市场规模支持，能提供系统、完备的旅游设施和旅游服务，得到目的地当地居民的认同，参与并提供各种支持保障。

综上，旅游目的地是指以旅游吸引物为基础，设施和服务等各项旅游要素协调发展，能满足一定规模旅游者消费需求的宏观或微观的旅游区域。特色旅游目的地不仅具有大众旅游资源的共性，而且有其资源独特性。本书中的葡萄酒特色旅游目的地兼具自然和人文特色旅游资源。拥有独特魅力的葡萄酒文化内涵、葡萄酒特色旅游产品及服务是成为目的地核心吸引力的关键因素。

随着中国旅游业国际化程度和国际地位的不断提高，不少省份提出建设世界旅游目的地的发展目标。世界级的旅游目的地应具备以下八个方面的特征：

（一）全球化的品牌建设

世界旅游目的地的品牌建设应具有世界性特征。这具体体现在以下四个方面：第一，品牌辨识度高，品牌形象突出、个性鲜明，品牌建设的各个环节、各个阶段均充分彰显其资源、地域和文化特色，在全球范围内具有极强的辨识度。第二，品牌知名度高，在全世界范围内被广泛认知，在同类型旅游目的地中居于世界前列，为全球旅游者和潜在旅游者所熟知。第三，品牌美誉度高，在全球主要目标市场中被高度认同、欣赏和信任，在全球旅游业界获得较高赞誉。第四，品牌忠诚度高，在全球拥有一定规模的高忠诚度顾客和行业合作伙伴。

（二）多元化的市场结构

世界旅游目的地的客源市场应具有多元化特征。还具体体现在以下三个方面：第一，客源地域的多元化，即不仅能够吸引本地区、本国、本区域游客，而且对全球其他区域的游客具有较强的吸引力，尽管在一定时期内区域性客源可能居于主体地位，但跨洲的客源应占有相当比例，且不断增长。第二，游客组织的多元化，旅游产品、线路安排、服务管理、接待设施既能满足团队游客需要，又能适应不断增长的散客旅游者的需要。第三，游客目的的多元化，除了吸引一般观光游客外，世界旅游目的地还能吸引度假、养生、会议、商务以及各种特种旅游者。

（三）多极化的业态发展

世界旅游目的地的业态发展应呈现多极化特征。世界旅游目的地大体可分为两大类，即城市依托型旅游目的地和资源吸引型旅游目的地。城市依托型旅游目的地本身就是多业态支撑的，而在资源吸引型旅游目的地中，不管是海滨海岛型、山地自然型、历史文化型，还是生态与民族并重的复合资源型旅游目的地，在其从区域性旅游目的地向世界旅游目的地发展的过程中，一般都会以观光为基础吸引，以景区门票为发展起点，通过丰富休闲度假、深生态旅游、深文化旅游、民俗艺术、娱乐表演、商务会展、疗养保健等产业形态，最终构建出相互补充、立体互动的多级化产业发展体系。

（四）精品化的旅游服务

世界旅游目的地的旅游服务应体现精品化特征。它具体有四个重要支撑：第一，精益管理。精益管理要求管理的各个环节、各个方面都采用“精益思维”，即以最小的资源投入，包括人力、设备、资金、材料、时间和空间，创造出尽可能多的价值，为顾客提供新产品和及时的服务。第二，精致产品和精心服务，即能够向旅游者提供最精致的旅游产品和最精心的服务，从而使游客获得便捷、愉快、独特的旅游体验。第三，精准营销。精准营销就是在精准定位的基础上，依托现代信息技术手段建立个性化的顾客沟通服务体系，充分利用各种新式媒体，将营销信息推送给比较准确的受众群体，从而既节省营销成本，又能起到最大化的营销效果。第四，精确标准。不管是精益管理、精致产品、精心服务，还是精准营销，实际上都是建立在产品标准化、服务标准化、管理规范化的基础之上，而且都需要广泛采用各种新技术。

（五）最大化的综合效益

世界旅游目的地的综合效益应实现最大化效果。这具体体现在以下两个方面：第一，其旅游发展不仅取得良好的经济效益，成为本地区经济发展的重要支柱，而且能为促进当地社会发展、文化保护、社区发展、生态保护做出重要贡献，在经济效益、社会效益、生态效益三个方面均有突出表现。第二，旅游发展中，经济效益、社会效益、生态效益相互促进、有机协同，形成良性的互动和循环，从而确保该旅游目的地的可持续发展。

（六）包容性的社区发展

世界旅游目的地的社区发展应体现包容性特征。世界旅游目的地的发展通常都建立在充分关照当地民众需求、确保其生活质量不断提高的基础上。一般而言，惟民富、民享、民乐之地，方可成为真正具有持久竞争力的世界旅游目的地。因此，世界旅游目的地一般均采用包容性增长的理念，倡导公平合理地分享经济增长，使得旅游收益以较为公平的方式惠及广大民众，使其生活质量、幸福指数和生活满意度不断提高，从而最大限度地消除当地社区的被排斥感和不公平感，使尽可能广泛的社区群体公平受益，并和旅游目的地管理者拥有共同的发展愿景，保持协调一致的发展步调，共同推进旅游目的地的旅游发展和社会经济全面进步。

（七）辐射性的区域带动

世界旅游目的地应具有较强的区域带动辐射作用。旅游业本身具有极强的流动性、带动性和辐射性，因此不管其自身体量大小，世界旅游目的地对所在区域社会经济发展的带动作用都是极为明显的。世界旅游目的地不仅能带动当地社会经济的全面发展，而且这种带动性还将辐射到更大范围，促进所在区域的旅游发展、经济发展以及产业结构、基础设施等更加完善。

（八）一体化的综合管理

世界旅游目的地的综合管理应呈现一体化特征。这具体体现在以下两个方面：一是在社会管理方面，世界旅游目的地一般均建立了良好的利益相关者协作机制，除了紧密的公私伙伴关系（Public-Private Partnership，PPP）外，还构建了政府—企业—社区深度合作、多方协商的良好机制；二是在行政管理方面，世界旅游目的地通常都在不同层级政府、政府不同部门间形成良好的协作关系，构建权责对等、分工合理、沟通通畅、运行高效的管理体制。

二、国内知名葡萄酒旅游目的地

（一）宁夏·贺兰山东麓

目前，中国的葡萄酒企业（酒庄、酒厂或作坊）的数量及其与旅游业的融合发展虽比不上法国、西班牙、意大利等葡萄酒旧世界国家，但中国各个葡萄酒产区不管是从气候风土上还是从生态环境上都具有多样性和差异性。经过数十年的发展，中国不少葡萄酒产区以其独特的地理区位、良好的气候条件、丰富的品种资源和旅游资源，成为优良的葡萄酒产区和具有发展潜力的葡萄酒旅游目的地。如位于胶东半岛的山东烟台、蓬莱、大泽山等产区；位于环渤海湾的河北昌黎和卢龙产区、沙城产区、天津汉沽产区；位于甘肃河西走廊的武威、张掖产区；新疆吐鲁番、和硕、石河子、焉耆产区等。其中，山东烟台、河北昌黎、宁夏贺兰山东麓、甘肃河西走廊和新疆（吐鲁番、和硕）葡萄酒均获得了我国葡萄酒地理标志保护产品认定，同时这些葡萄酒产区又拥有较为丰富的旅游资源，是我国具有代表性的葡萄酒旅游目的地。这些产区逐步打造葡萄酒休闲旅游产业，相继开发了葡萄酒旅游产品及节庆活动，并与传统旅游景点及旅游项目进行整合规划，建设了一批国家3A、4A级旅游景点。如山东烟台的卡斯特酒庄（4A）、河北昌黎华夏长城葡萄酒庄（4A）、新疆吐鲁番葡萄沟风景区（5A）、甘肃嘉峪关紫轩葡萄酒庄园（4A）、宁夏玉泉营葡萄酿酒基地（3A）等。

拓展阅读　**宁夏全面打造贺兰山东麓世界级葡萄酒旅游目的地**

贺兰山东麓葡萄酒产区位于北纬37°43′～39°23′，是业界公认的世界上最适合种植酿酒葡萄和生产高品质葡萄酒的黄金地带之一，是中国酿酒葡萄种植集中连片最大、酒庄数量最多、酒庄集群化发展最快的产区，是宁夏递给世界的一张紫色名片。

宁夏贺兰山东麓葡萄酒产区葡萄园

“贺兰山下果园成，塞北江南旧有名。”宁夏贺兰山东麓葡萄种植历史可追溯至隋唐时期，至今已有1600多年的历史。经过不断发展，产区现有酒庄（企业实体）200多家，其中列级酒庄57座，A级景区酒庄14家，4A级景区酒庄4家，年接待游客数量达到100万人次以上。宁夏被美国《纽约时报》评选为“全球2013年必去的46个最佳旅游地”之一，入选理由是“在宁夏可以酿造出中国最好的葡萄酒”。2021年，宁夏国家葡萄及葡萄酒产业开放发展综合试验区挂牌，全球葡萄酒旅游组织授予宁夏“推荐全球葡萄酒旅游目的地”称号，未来会将贺兰山东麓打造成世界级葡萄酒旅游目的地和“世界葡萄酒之都”。

宁夏贺兰山东麓葡萄酒产区葡萄酒庄

行走在被魏巍贺兰山护佑、悠悠黄河滋润的贺兰山东麓，每一个脚步都能书写出诗意的旅程，每一次邂逅都离不开葡萄酒。你可以在宁夏张裕龙谕酒庄品酒课堂与品酒师互动交流，亲手制作一瓶专属的纪念酒；可以在贺东庄园邂逅百年老藤，见证葡萄变为琼浆玉液的神奇旅程；可以在志辉源石酒庄轻酌慢品源石佳酿；也可以在农垦玉泉国际酒庄尝山海盛宴、住明星客房、体验彩妆民宿；还可以在西鸽酒庄吟诗赏星，赴一场美酒之约。

如果贺兰山是一部大写的书，那么贺兰山东麓的葡萄酒庄就是这部书中绘制的诗意插图，其间点缀着数个国家A级旅游景区，会为游客提供一场集美酒、美景、美食的惬意之旅。循着20条酒庄休闲旅游精品线路，不仅可以在酒庄体验亲子采摘、研学、自酿酒、品鉴休闲、观星露营，还可以去沙湖观鸟、贺兰山国家森林公园登高、沙坡头旅游区滑沙等，尽情感受神奇宁夏的大漠孤烟和俊秀柔情。

穿行于贺兰山东麓的酒庄之间，目光所及皆是浪漫，心之所向皆是美好。与好友来宁夏来一场浪漫的酒庄之旅吧，在慢时光的惬意中品尝美酒、品味人生。

资料来源：佚名．宁夏酒堡：走进贺兰山东麓追寻紫色梦想的浪漫．人民网．

（二）山东·张裕葡萄酒城

张裕葡萄酒城，将打造成为世界一流的葡萄酒现代大工业酿造示范区、世界一流的中国原产地标准的种植酿造示范区，及中国第一个葡萄酒工业旅游5A级景区。酒城包括葡萄与葡萄酒研究院、葡萄酒生产中心、丁洛特葡萄酒酒庄、可雅白兰地酒庄、葡萄种植示范园、先锋国际葡萄酒交易中心、海纳葡萄酒小镇共七大主题功能区。其将成为“工业旅游园、欢乐游乐园、葡萄园林园”三园合一的世界先进的葡萄酒文化主题乐园，也将是全球唯一的一站式葡萄酒文化产业体验基地。

张裕葡萄酒城

（三）甘肃·武威

武威是最早引进西方优质葡萄种子并大面积种植的地方。武威作为我国最古老的葡萄种植、葡萄酒生产基地，拥有浓厚的历史沉淀和文化底蕴。谈及葡萄酒的诗，最著名的莫过于唐朝王翰的《凉州词》了，描述的正是武威的葡萄酒。近年来，武威市大力发展以葡萄酒为主的“液体经济”，通过不断延伸葡萄酒产业链，推动武威从葡萄及葡萄酒优质产区向葡萄酒产业聚集区转型，形成了以葡萄酒产业为主、相关产业共同发展，兼具生态、经济、社会效益多赢的“液体经济”。同时着力打造“清源葡萄酒小镇”这一主题概念，依托威龙、莫高、久石红、皇台等葡萄酒龙头企业，设立高标准酒窖、葡萄酒展览及品鉴中心、葡萄酒技术交流中心、葡萄酒SPA中心等，依托“濒危中心”和沙漠公园两个4A

级景点，丰富游乐项目，充分挖掘旅游资源。

甘肃·威武

（四）新疆

新疆天山北麓葡萄酒产区地处北纬 44° 附近，处于 1990 年被联合国教科文组织设立的博格达世界生物保护区范围内。产区基本呈条形分布，全年长达 2800 小时的日照时间，土质基本都为通透性好的弱碱性沙砾土壤，灌溉使用天山雪融水，纯净自然。这些得天独厚的条件使得这里的葡萄果实富集更多养分，为酿造生态、健康、高品质的葡萄酒提供了优质的葡萄原料，也使出产的葡萄酒具有更加丰富细腻的口感。

新疆新天国际酒业号称拥有世界上最大的葡萄园，已成为全国工农业旅游示范点；新疆乡都酒堡成为巴州绿色生态旅游项目之一。

新疆

三、国外知名葡萄酒旅游目的地

（一）波尔多（法国）

波尔多是世界葡萄酒最出名的产区、葡萄酒爱好者圣地之一，2015年被评为欧洲旅游最佳目的地，2016年被《纽约时报》评为“2016最值得去的52个旅游目的地”第二名，2017年被《孤独星球》(*Lonely Planet*)评为“2017年最佳旅行城市”。

波尔多是世界葡萄酒中心。每当人们提起波尔多时，声音里总是充满了敬畏和崇拜。波尔多地区旅游资源丰富，风景优美且有大量保存完好的中世纪城堡。作为最知名的葡萄酒产区之一，波尔多在历史、人文和艺术等方面的保护和发展也颇受肯定，部分景点被联合国教科文组织列入世界人类遗产列表。

会做生意的波尔多人把葡萄酒生意做成了产业。在波尔多，游客不仅可以随处品尝美酒，大街小巷的各种旅馆还可以为游客安排独具特色的酒庄游览。如波尔多葡萄酒行业协会（CIVB）下设的波尔多葡萄酒学校，就有每周的出行路线供游客选择。

波尔多每个葡萄酒庄园都有属于自己的故事。庄园酒指的就是葡萄的生长、收获，葡萄酒的发酵、成熟及装瓶的全过程都在庄园里完成的酒。庄园里有葡萄园，有酒窖，在一些古老的酒庄里，连发酵的菌群都是独一无二的。

除了葡萄酒，波尔多也是美食之都，因为靠着大西洋，这里的牡蛎特别出名。波尔多的鹅肝知名度也颇高，当走访格拉夫的干白酒庄或是苏玳的甜酒庄时，往往会有道撒了点海盐的细嫩鹅肝给访客配酒。

波尔多

（二）皮埃蒙特（意大利）

远在罗马时代，皮埃蒙特就以盛产高质量的美酒而享誉世界。如今，皮埃蒙特依旧是意大利葡萄酒王国中的一顶皇冠，各色体验让人流连忘返。

皮埃蒙特

皮埃蒙特在意大利的地位与勃艮第在法国的地位是一样的。如果说它是意大利西北部的一顶皇冠，那么其两个子产区——巴罗洛和巴巴莱斯科无疑就是皇冠上最闪耀的明珠。其中，用内比奥罗酿造的巴罗洛被誉为“酒中之王”，而巴巴莱斯科所产的由内比奥罗酿制的葡萄酒，被称作“皮埃蒙特之后”。当然，除了严肃硬朗的红葡萄酒，优雅平衡的巴贝拉以及清新爽口的莫斯卡托阿斯蒂起泡酒也是世界酒迷们念念不忘的酒款。

俗话说得好，“美酒佳肴不分家”。皮埃蒙特不光有令人迷恋的葡萄酒，同时还有被誉为“厨房钻石”的白松露。此外，皮埃蒙特还以“滑雪胜地”及“艺术之都”而著称，数不尽的活动精彩无限，简直让人应接不暇。

（三）托卡伊（匈牙利）

著名的托卡伊葡萄酒被认为是世界上最优秀的葡萄酒之一，而生产这种葡萄酒的托卡伊镇则是众多“匈牙利葡萄酒乡”中最耀眼的明珠。作为一处文化景观，托卡伊葡萄酒产区充分展示了匈牙利东北部葡萄酒生产的悠久历史和灿烂文化。整个托卡伊地区既是葡萄和葡萄酒的产区，也是自然和人文景观完美结合的游览胜地。

贵腐葡萄粒

世界上有三大贵腐酒产区：匈牙利的托卡伊、法国的苏玳和德国的莱茵高。在这三个酒区中，托卡伊的历史最古老，酿制方法最特殊，地位最尊贵，至今还是人工选摘贵腐葡萄粒，采用传统手段精心酿制，加上托卡伊山麓得天独厚的地理、气候和生物环境，使之与众不同，成为“世界贵腐酒之王”。

数个世纪以来，托卡伊一直都是世界上最出名的甜酒产区之一，以出产如蜜般甜美的托卡伊甜酒而驰名海外，许多优质的托卡伊阿苏只有在这里才找得到。托卡伊悠久的酿酒传统和历史，被联合国教科文组织列为世界文化遗产。如果有幸十月前往托卡伊游览，还能参与当地的丰收庆典，漫步在城市中的大街小巷，听着欢快的音乐，与酿酒师共同举杯谈谈喜爱的托卡伊，定能让酒迷们流连忘返。

（四）猎人谷（澳大利亚）

猎人谷被誉为酿酒之乡，是澳大利亚最具历史的葡萄产区，也是最古老的酿酒区，历史可追溯至 1788 年。猎人谷位于悉尼市中心北部 160 千米处，是世界上最炎热的葡萄酒产区之一，夏季温度常常高达 35℃～ 40℃。猎人谷拥有超过 120 家酒庄，比较出名的是麦格根酒庄、迈克威廉酒庄和史东尼赫斯酒庄，这几家酒庄无一例外都种植西拉，一种十分适应澳大利亚炎热干燥环境的葡萄品种。

在猎人谷，客人们不仅可以享用到美酒、奶酪，猎人谷同时还提供热气球游览活动以及水疗放松等活动。如果还不满意，猎人谷的酒庄一年四季都会举行各种节日和活动。音乐发烧友可以前往 Tyrrell’s Vineyard 葡萄园的葡萄园爵士乐节，每年 10 月的最后一个周六，爵士乐、灵魂乐、布鲁斯音乐和摇滚乐的知名乐队都会汇聚一堂，呈现一场视听盛宴。5 月期间的渐进式用餐活动在猎人谷多家葡萄园和餐厅如火如荼地进行，每个场馆都提供各种不同的美食。9 月澳大利亚春季期间，你可以在猎人谷花园绚丽的花海中漫步徜徉，或在 11 月前往葡萄园雕塑展探寻艺术的足迹。

猎人谷

（五）纳帕谷（美国）

作为入门级别葡萄酒爱好者的天堂，纳帕谷位于美国加州旧金山以北 80 千米处。从 19 世纪中期开始，这里就以传统葡萄种植业和酿酒业为发展基础，如今已成为一个以葡萄酒文化、酒庄文化闻名，包含品酒、餐饮、养生、运动、婚礼、会议、购物及各类娱乐设施的综合性乡村休闲文旅小镇集群。纳帕谷是美国第一个跻身于世界级的葡萄酒产地，是世界级农业特色小镇经典案例。纳帕谷由 8 个小镇组成，是一块 50 多千米长、8 千米宽的狭长区域，风景优美，气候宜人。

纳帕谷的 8 个小镇均以葡萄酒产业为基础，却各自拥有独特的定位，整体形成“葡萄酒 +”的产业体系，构成以体验为主的乡村休闲文旅小镇集群。纳帕谷每年接待世界各地的游客约 500 万人次，旅游经济收益超过 6 亿美元，为当地直接创造 2 万多个工作机会。

纳帕谷

纳帕县内有超过 400 家酒庄，邻近的索诺玛县也有大约 200 家酒庄，包括一些国际知名的酒庄，如鹦歌酒庄、蒙大维酒庄、香桐酒庄和克罗杜维尔酒庄等。该地区的葡萄酒通常酒体精巧，果味浓郁；以霞多丽、仙粉黛等葡萄品种酿造的葡萄酒有些甚至可以和法国的相媲美。

（六）马尔堡（新西兰）

马尔堡是长相思之乡，被全球最大的旅游网站“猫途鹰（Tripadvisor）”和《孤独星球》（*Lonely Planet*）杂志评为最受品酒家欢迎的旅游目的地和最好的葡萄酒产区之一。

说起“长相思”，最直接的联想就是以长相思而闻名世界的国度——新西兰。作为新西兰首屈一指的葡萄酒产区马尔堡，在版图中占据重要地位。

马尔堡位于新西兰南岛东北角。作为新西兰最大的葡萄酒产区，马尔堡每年的葡萄酒产量约占新西兰葡萄酒总产量的 80%。马尔堡是新西兰日照时间最长的地区之一，这里气候凉爽干燥、光照充足，葡萄生长周期长、成熟缓慢，非常有利于葡萄风味物质的凝聚。该产区夏季白天的平均气温很高，但是夜晚却非常凉爽，这有利于维持葡萄的酸度。正是因为这种昼夜温差巨大的气候特征，马尔堡产区的葡萄酒具有清新诱人的果香，同时酸味激爽，带有草本植物的香气。这里所种植的黑皮诺颜色深浓，也是因为昼夜温差大的缘故。

马尔堡

技能实训

不同类型的群体对葡萄酒旅游有不同的需求和兴趣。作为葡萄酒相关领域的专业人士或爱好者，请在侍酒师、葡萄酒旅游策划者、葡萄酒电商平台运营者和葡萄酒爱好者中任选一个角色创建独特的葡萄酒旅程。请以小组为单位完成以下任务：

任务角色 1：侍酒师

设计一次葡萄酒之旅，旨在教育和启发参与者提高品鉴技能。设计内容包括品鉴会、酒庄参观、葡萄酒晚宴等。

任务角色 2：葡萄酒旅游策划师

策划一次葡萄酒旅游，目标是提供一次难忘的文化体验。策划内容包括目的地选择、景点游览、活动、住宿和餐饮。

任务角色 3：葡萄酒电商平台运营者

设计一场在线葡萄酒之旅体验，以推广葡萄酒销售，包括虚拟品鉴、互动内容和葡萄酒订购。

任务角色 4：葡萄酒爱好者

选择一个你心仪的葡萄酒旅行目的地，并为这次旅程做一份详尽的旅行攻略，内容包括但不限于交通路线、景点或酒庄游览的项目及路线规划。

呈现方式：每个小组以团队形式完成任务并进行展示。请准备一份详细的计划，包括旅游路线、活动安排、宣传材料（如宣传册或网站页面）和成本估算等。

反馈评价

评价内容	评价标准	自评	互评	师评
出勤 20%	按时出勤，未有无故迟到、早退、旷课现象。			
课堂学习 20%	积极投入理论学习，踊跃参与课堂互动。			
实训 方案策划 60%	目标明确性：推广方案有明确的目标和期望的结果；推广方案清楚定义了目标受众。			
	策略合理性：旅游路线规划合理、安全、有吸引力，考虑了目的地的文化和自然资源。			
	创意和吸引力：方案有创意，能够吸引目标受众的注意；方案中包含有趣、引人入胜的元素。			
	可执行性：方案考虑到资源、时间和预算的限制，有详细的执行计划，具备一定的可行性。			
	海报设计：宣传材料清晰、吸引人，包括所有必要的信息。			
	清晰的沟通：口头展示时能够清晰地表述方案内容，并使用适当的语言和适合的语调；书面展示应体现良好的写作技巧，包括语法准确、拼写规范和文风有特色。			

拓展阅读　**中国葡萄酒文旅市场**

2020 年 10 月，中国（宁夏）贺兰山东麓葡萄酒旅游智库、中国旅游研究院融合创新研究基地、Rock Springs Consulting 等机构联合发布了《中国葡萄酒旅游市场网络评论研究报告》，报告中分析了目前中国葡萄酒旅游的现状、产品体系和亟须改进的地方，聚焦在个别有代表性的产区及其典型模式，并对宁夏葡萄酒旅游给出了菜单式的发展建议。

根据《中国葡萄酒旅游市场网络评论研究报告》，在“大众点评”“携程”两大平台上，公开的酒庄相关评论信息覆盖了 14 个产区，涉及 96 家酒庄。

项目小结

本项目深入探讨了葡萄酒文化旅游的理论基础和实际应用，旨在帮助学习者更好地理解和应用葡萄酒文化旅游的概念、内涵和资源。以下是对本项目内容的小结：

第一，明确了葡萄酒文化旅游的概念。首先，从“葡萄酒文化旅游”的概念及内涵出发，介绍了中外对于“葡萄酒旅游”的不同定义，得出目前普遍认同的葡萄酒文化旅游的概念内涵；其次，从葡萄酒及葡萄酒产业的特性延伸得出葡萄酒文化旅游的特征。

第二，厘清了葡萄酒文化旅游的特征。在理论基础上，进一步探讨了葡萄酒文化旅游的特征。这些特征包括自然资源、人文资源以及融合了葡萄酒文化的建筑与设施和旅游购品。这些特征使葡萄酒文化旅游成为一种独特而多样化的体验。

第三，梳理了葡萄酒文化旅游资源。葡萄酒文化旅游的资源，包括自然资源和人文资源。我国葡萄酒文化旅游资源非常丰富，在国家及各地区政府的大力支持下，葡萄酒文化旅游资源的开发必将带动地区经济与文化的发展，推动乡村振兴，巩固脱贫攻坚。

第四，介绍了旅游目的地的概念及国内外知名的葡萄酒旅游目的地。

葡萄酒文化旅游是一个令人着迷的领域，它融合了葡萄酒、自然美景、历史传承和文化活动。通过本项目的学习，希望学习者不仅能够理解葡萄酒文化旅游的核心概念，还能够运用所学，参与和推动这一领域的发展，为葡萄酒文化旅游做出积极的贡献。

知识园地·中国故事

脱贫“葡萄”酿成乡村振兴“美酒”

在宁夏贺兰山东麓葡萄种植基地，果香弥漫在空气中，成片的葡萄架与蓝天白云交相辉映，采摘葡萄的村民们忙得不亦乐乎，采摘、装筐、搬运，一道道工序有条不紊，形成一幅美丽的乡村丰收画卷。

家住宁夏银川市西夏区昊苑村的村民张金强正忙着采摘挂满枝头的酿酒葡萄，黑里透红的脸颊掩饰不住内心的喜悦。“我们现在可以说是吃上了葡萄饭、穿上了葡萄衣、住上了葡萄房、走上了葡萄路。”张金强自豪地说：“酒庄的活儿很多，通常能从 2 月忙到年底，我们的收入也很稳定。5 亩地流转给酒庄，我还在酒庄务工，去年全家收入超过了 10 万元。”

张金强告诉记者，他是 1993 年搬迁到昊苑村的，那时风沙太大了，“一年一场风，从春刮到冬”这句顺口溜用在当年的昊苑村特别合适。他还记得 1993 年和 1994 年这两年，自己种的玉米基本上没有收成。

发了家，致了富；有盼头，有希望。这是老百姓真真切切的获得感。据统计，目前宁夏葡萄酒产业每年为农户提供季节性用工岗位及固定用工岗位近 13 万个，每个固定工年收入一般为 2 万元至 3 万元，季节性用工每个劳动力收入为 6000 元至 1 万元。

据张金强透露，自己所务工的志辉源石酒庄是贺兰山东麓葡萄产区核心区域，也是生态脆弱地带。10 多年前，该地因高强度的砂石料开采，遗留了大面积的矿坑。经过 10 多年的开荒拓土，昔日裸露斑驳、沟壑纵横的贺兰山采矿塌陷区，如今已绿意盎然。

一串串葡萄孕育出世界一流的葡萄酒，串起了一个产业链，也串起了当地村民的乡村振兴梦，让宁夏多了一张走向世界舞台的“紫色名片”。

模块二
葡萄酒与品鉴

- 项目三　葡萄酒概述
- 项目四　葡萄酒的品评与鉴赏
- 项目五　风味品鉴之常见的酿酒葡萄
- 项目六　风味品鉴之葡萄的种植、酒的酿造及陈年
- 项目七　风味品鉴之中国葡萄酒产区概况

项目三 葡萄酒概述

项目导学

项目导语

◆ 葡萄酒不仅是一类饮品，也是一门艺术和科学的结合。了解葡萄酒的定义、分类和风味来源，能够帮助我们较好地掌握葡萄酒的特点，品味出其中的微妙差异。本项目我们还将深入讨论饮酒与社会责任，探究品饮葡萄酒与健康之间的关系，帮助我们成为负责任的葡萄酒品饮者。

知识目标

◆ 理解葡萄酒的定义及特点。
◆ 掌握葡萄酒的分类方法。
◆ 理解葡萄酒的基本酿造原理及单宁、酸度、酒精度的由来。
◆ 了解与过量饮酒相关的法律法规和适度饮酒的标准。
◆ 了解葡萄酒与健康的关系、适度饮酒的原则和影响健康的因素。

能力目标

◆ 能够识别和描述不同类型的葡萄酒，包括红葡萄酒、白葡萄酒和起泡酒。
◆ 能够根据葡萄酒基本的酿造原理，阐述葡萄与单宁、酸度和酒精度的关联。
◆ 能够形成健康意识，品饮葡萄酒时保持适度和谨慎的态度。

素养目标

◆ 提高对葡萄酒的鉴赏能力，能够欣赏不同类型的葡萄酒。
◆ 通过品鉴葡萄酒和参与讨论，培养社交技能和团队合作能力。

任务一　葡萄酒的内涵与分类

情境导入

小璞是一位葡萄酒初学者，在餐厅和葡萄酒专营店时常为葡萄酒瓶标签上那些字眼所困扰。“干红”“半干”“甜酒”“香槟”“赤霞珠”“雷司令”……这些字眼常让他感到眼花缭乱、手足无措。

本任务将介绍葡萄酒的定义与分类，帮助大家更好地理解葡萄酒的多样性，了解葡萄酒中的术语和分类，从而能够自信地根据场合和需求选择适合的美酒，为未来的葡萄酒之旅或职业生涯做好准备。

知识精讲

一、葡萄酒的内涵

（一）葡萄酒的定义

根据国际葡萄与葡萄酒组织的规定（International Organisation of Vine and Wine），葡萄酒只能是破碎或未破碎的新鲜葡萄果实或者葡萄汁经完全或部分酒精发酵后获得的饮料。

中国 2006 年颁布的国家标准 GB 15037—2006 中，对葡萄酒也做了定义：葡萄酒是以鲜葡萄或葡萄汁为原料，经全部或部分发酵酿制而成的，酒精度不低于 7% vol 的酒精饮品。

（二）葡萄酒的特点

首先，葡萄酒是由新鲜葡萄酿造的，不是由摘下来冷藏或冷冻好长时间的葡萄酿造的。大家熟知的加拿大产的冰酒，也由挂在枝头三四个月后采摘下来的冰冻葡萄酿造而成。

其次，市场上售卖的葡萄酒基本由酿酒葡萄酿造而成。不同于鲜食葡萄，酿酒葡萄一般用于葡萄酒的酿造而非直接食用，生长缓慢且产量小。相比鲜食葡萄，酿酒葡萄往往有以下特征：第一，果皮更厚，果皮颜色更深，有利于香气、颜色等基础物质的积累（果皮对于红葡萄酒的酿造尤为重要）；第二，糖分含量更高；第三，颗粒更小，风味更浓郁；第四，产量较小，每棵葡萄树产量仅控制在 4.5kg 左右。

酿酒葡萄与鲜食葡萄

与其他农作物一样，酿酒葡萄的品种多样，但仅有一小部分品种在全球广泛种植且酿造出品质上乘的葡萄酒。本模块中的项目五“风味品鉴之常见的酿酒葡萄”，将着重介绍这些酿酒葡萄品种。这些酿酒葡萄或为活跃在世界各个产区的国际酿酒葡萄品种，或为中国产区较为活跃的酿酒葡萄品种。值得注意的是，在多数情况下，酿酒师很少采用单一酿酒葡萄品种酿造葡萄酒，通常采用多个品种混酿的方式酿造葡萄酒。这也解释了为什么我们去葡萄园时，往往能找到多个酿酒葡萄品种的原因。

（三）葡萄粒中的风味来源

葡萄是葡萄酒主要的酿造原料。葡萄粒主要由果梗、果皮、果肉和葡萄籽组成。由于葡萄籽中的苦油和单宁会增加葡萄酒的苦味和涩味，因此，酿造过程中要尽量避免葡萄籽的破碎，以免过于明显的苦味和涩味进入葡萄酒。

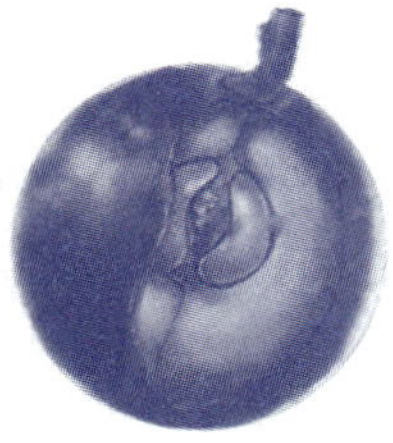
葡萄粒的横截面

1. 单宁

果梗中含有丰富的粗质单宁，一般不用于酿酒；但部分地区在葡萄皮单宁含量不足或希望增加葡萄酒的风味时，会将果梗加入发酵。

果皮中包含单宁、色素和大量风味物质。葡萄酒的颜色、单宁和香气绝大部分均来自葡萄皮。另外，葡萄皮上还附有许多天然酵母和微生物，这对于发酵环节不添加人工培育酵母的葡萄酒而言十分重要。需要注意的是，白葡萄酒酿造前，会先将葡萄去皮、去梗，因此，白葡萄酒中一般不含单宁。

2. 酸度

果肉中含有水、糖、果酸和蛋白质，这些决定了葡萄酒的酒精度和酸度。在葡萄生长和成熟过程中，酒石酸和苹果酸会逐渐发展出来。通常，当葡萄颗粒还是青色的时候，酸度最高；随着葡萄逐渐成熟，酸度慢慢下降，糖分也会逐渐累积。不过，酒农一般不会等葡萄完全熟透后才采摘，因此葡萄中一般都会留有一定的酸度。这样做是为了使葡萄酒的口感更加平衡。如果一款葡萄酒酸度不足，会让人觉得平淡乏味；如果酸度过高，则会给人尖酸锋利的口感。一瓶好酒应当保持其酸度、甜度、单宁、果味和酒精度等元素的平衡。酸是葡萄酒中非常重要的一种结构组成，酸可以使葡萄酒尝起来更加清爽可口，同时一定的酸度还能使葡萄酒的风味更突出；酸还能维持葡萄酒中色素的稳定性；另外，由于许多微生物不能在酸性环境下生存，因此在葡萄酒陈年的过程中，酸还能起到保护作用，使葡萄酒存放更久。

葡萄酒中的酸很复杂，常见种类有酒石酸、苹果酸、乳酸、柠檬酸和醋酸等，不同的酸能给口腔带来不同的体验。酒石酸是葡萄酒中的重要成分，酸性较弱。部分酒石酸单独存在，部分以酒石酸盐的形式存在，通常酒瓶底部的晶体状沉淀就是酒石酸盐。苹果酸通常存在于包括葡萄在内的许多水果中，酸性较强。乳酸相比苹果酸而言更加温和细腻，因此红葡萄酒大多会进行苹果酸－乳酸发酵，以将苹果酸转化为乳酸。不过多数用于酿造白葡萄酒的葡萄品种，如雷司令，不会进行此类发酵，以保留爽口的酸度和清新的果香。柠檬酸是葡萄自带的果酸，一般含量较少。醋酸是葡萄酒氧化后产生的一种挥发性酸，多令人不悦。

此外，葡萄酒的总酸和 pH 值并不是同一个概念。通常，pH 值相同的葡萄酒总酸高的尝起来会更酸。例如：总酸为 6g/L、pH 值为 3.2 的葡萄酒，与总酸为 4g/L、pH 值也为 3.2 的葡萄酒相比，前者尝起来会显得更酸。

3. 酒精度

成熟葡萄的含糖量很高，在发酵过程中，酵母会把葡萄里的糖分转化为酒精和二氧化碳。因此，在不提前中止发酵的情况下，含糖量越高的葡萄往往酒体越浓郁，酒精度越高。通常情况下，在一升酒液中，酵母每消耗 17 克糖，酒精度即提升一度。大多数酵母在超过 16% vol 的酒精环境中会失去活性，因此，多数葡萄酒的酒精度数低于 17% vol。

常规葡萄酒的酒精度通常在 17% vol 以下，因为酒精由糖分发酵而来，达到 17% vol 的酒精，需要葡萄的含糖量接近 290 克每升，而酿酒葡萄的含糖量一般在 200 ～ 250 克每升，所以葡萄酒的酒精度通常在 8% vol ～ 15% vol。

影响酒精度的因素主要为葡萄中的糖分。糖分主要来自光合作用，光照越多，糖分积累越多。影响光照的因素包括产区纬度、年份、天气状况、葡萄园山坡朝向、周围环境（是否近河流、海洋）、采摘时间等。纬度低、多晴、干旱、向阳坡、采摘晚的葡萄光照充足，糖分含量高，容易产出高酒精度的葡萄酒。

出于酒庄酿酒的需要，酿酒师有很多方法来控制酒精度。例如：有一种打断发酵的方法叫“加强”，即往葡萄酒里加白兰地酒，从而提高酒精度以抑制酵母。这种方式虽然阻止了酵母继续发酵，但酒精度则会直接提高到 22% vol，比如雪利酒、波特酒、马德拉酒等加强酒通常会通过这种方式酿造。

酒精度的标注方式中，为了方便记录，几乎所有的酒标上，酒精度都是 0.5 的整数倍，不足的部分则四舍五入，只有少数酒庄会标出 13.8% vol 或者 15.8% vol 等度数。

二、葡萄酒的分类

各式各样的葡萄酒

（一）按酒的颜色分类

1. 白葡萄酒

酒的颜色微黄带绿，近似无色或浅黄、禾秆黄、金黄。凡深黄、土黄、棕黄或褐黄等色，均不符合白葡萄酒的色泽要求。

2. 红葡萄酒

酒色呈自然深宝石红、宝石红、紫红或石榴红。凡黄褐、棕褐或土褐颜色，均不符合红葡萄酒的色泽要求。

3. 桃红葡萄酒

酒色为淡红、桃红、橘红或玫瑰色。凡色泽过深或过浅，均不符合桃红葡萄酒的要求。另外，红、白葡萄酒按一定比例勾兑的酒也属桃红葡萄酒。

（二）按含糖量分类

1. 干葡萄酒

含糖量低于 4g/L，品尝不出甜味，具有洁净、幽雅、香气和谐的果香和酒香。

2. 半干葡萄酒

含糖量在 4g/L ～ 12g/L，微具甜感，酒的口味洁净、幽雅、味觉圆润，具有和谐愉悦的果香和酒香。

3. 半甜葡萄酒

含糖量在 12g/L ～ 45g/L，具有甘甜、爽顺、舒愉的果香和酒香。

4. 甜葡萄酒

含糖量大于 45g/L，具有甘甜、醇厚、舒适、爽顺的口味，具有和谐的果香和酒香。

（三）按二氧化碳的压力分类

1. 平静葡萄酒

平静葡萄酒是指在 20℃时，酒中二氧化碳压力低于 0.05Mpa 的葡萄酒。市面上的大部分葡萄酒都属于这种类型。

2. 起泡葡萄酒

起泡葡萄酒是指在 20℃时，酒中二氧化碳压力高于或等于 0.05Mpa 的葡萄酒。法国香槟、西班牙卡瓦以及意大利阿斯蒂等都属于起泡葡萄酒。起泡葡萄酒分为两种类型：

（1）低泡葡萄酒：是指在 20℃时，酒中自然发酵产生的二氧化碳压力在 0.05Mpa ～ 0.34Mpa 的葡萄酒。

（2）高泡葡萄酒：是指在 20℃时，酒中自然发酵产生的二氧化碳压力高于或等于 0.35Mpa 的起泡葡萄酒。对于酒瓶容量小于 250mL 的葡萄酒，二氧化碳的压力高于或等于 0.3Mpa 时，也可称为高泡葡萄酒。

（四）按酿造方法分类

1. 天然葡萄酒

天然葡萄酒完全采用葡萄原料进行发酵，发酵过程中不添加糖分和酒精，选用提高原料含糖量的方法来提高成品酒精含量及控制残余糖量。

2. 加强葡萄酒

发酵成原酒后用添加白兰地等高浓度烈酒的方法来提高酒精含量，叫加强葡萄酒。既加白兰地，又加糖以提高酒精含量和糖度的产品为加强甜葡萄酒，我国又称浓甜葡萄酒。

3. 加香葡萄酒

采用葡萄原酒浸泡芳香植物，再经调配制成，属于开胃型葡萄酒，如味美思、丁香葡萄酒、桂花陈酒；或采用葡萄原酒浸泡药材，精心调配而成，属于滋补型葡萄酒，如人参葡萄酒。

（五）按饮用葡萄酒的时间和场合分类

1. 开胃葡萄酒

开胃葡萄酒一般在餐前饮用，用于增进食欲、营造气氛，以白葡萄酒为主。

2. 佐餐葡萄酒

佐餐葡萄酒一般指与正餐一起饮用的葡萄酒，主要以干型葡萄酒为主，如干红葡萄酒、干白葡萄酒等。

3. 餐后葡萄酒

餐后葡萄酒一般在餐后饮用，主要为甜葡萄酒。

在饮用葡萄酒时，我们需要提前了解，哪些葡萄酒适合餐前饮用，哪些葡萄酒适合佐餐，而哪些葡萄酒适合在餐后饮用。

技能实训

请以小组为单位，完成下列任务：

每个小组代表一个虚拟的葡萄酒商店或葡萄酒电商平台。每个小组的任务是为平台创建一个用户友好的葡萄酒分类系统。这个系统应该能够帮助消费者更好地理解不同种类的葡萄酒，并帮助客户找到他们可能喜欢的葡萄酒。每组需要完成以下内容：

（1）平台需求分析：请每个小组选取一家葡萄酒商店或电商平台，分析其用户需求，了解用户对葡萄酒分类的期望，致力于为用户提供愉快的购物体验。

（2）葡萄酒分类系统设计：每个小组创建一个用户友好的葡萄酒分类系统，包括不同的葡萄品种、产区、口感特点等；使用图表、图像和简洁的描述来帮助用户更好地理解葡萄酒。

（3）实际案例分析：小组可以研究现有的葡萄酒电商平台或葡萄酒酒单，了解和分析其他行业参与者是如何设计他们的葡萄酒分类系统的。

（4）呈现和展示：每个小组在班级汇报展示其葡萄酒分类系统，并解释其设计理念、用户友好性以及如何更好地传达葡萄酒的特性。

反馈评价

评价内容	评价标准	自评	互评	师评
出勤 20%	按时出勤，未有无故迟到、早退、旷课现象。			
课堂学习 20%	积极投入理论学习，踊跃参与课堂互动。			

续表

评价内容	评价标准	自评	互评	师评
实训汇报展示 60%	内容准确性：能够提供准确的平台需求分析和相关数据。			
	深度和广度：深入研究现有的葡萄酒电商平台或行业葡萄酒酒单，了解其他行业参与者是如何设计他们的葡萄酒分类系统的。			
	清晰性和逻辑性：展示结构清晰，逻辑严谨，易于理解。			
	引用和来源：能够引用可信的资料支持其研究；提供了参考文献或引用来源。			
	沟通能力：口头展示时表述清晰且能够使用适当的语言和语调。			
	吸引力和兴趣：能够使用生动的例子、图片或多媒体元素引起观众或读者的兴趣。			
	反馈和互动：口头展示时能够回应听众的问题和反馈，与听众互动，并展现对听众的关注和尊重。			

任务二　社会责任与品饮健康

情境导入

小桃是一家知名葡萄酒电商平台的负责人，平台销售各类葡萄酒。在经营平台的过程中他逐渐意识到，越来越多的葡萄酒消费者开始关注葡萄酒与健康及社会责任等相关话题。小桃决定在平台销售葡萄酒的同时，向消费者传递关于葡萄酒的品饮健康和社会责任的信息。

在这一任务中，我们将探索应该在平台上引入哪些信息，引导消费者健康饮酒。同时，我们还需要思考：如何有效地传达葡萄酒与健康及与社会责任相关的信息。此任务将帮助大家理解葡萄酒行业中的社会责任和健康品饮趋势，以及如何将这些趋势纳入商业策略中，以满足不断变化的消费者需求。

知识精讲

一、葡萄酒与健康

（一）合理的酒量

葡萄酒虽好，但也应遵守适度法则，这样才能达到养生保健的功效。中国营养学会建议成年男性酒精的摄入量上限为每天 25 克，成年女性为每天 15 克。

（二）健康的时间

饮酒的最佳时间是在晚上 7 点至 9 点半，这段时间人体肝脏中乙醇脱氢酶的活性升高，酒精更容易被代谢。9点半之后，越往深夜，肝脏的解酒能力就越弱。

（三）健康的方式

1. 勿空腹饮酒

空腹情况下饮用葡萄酒，乙醇通常更容易被胃肠吸收，容易使胃肠受到刺激，产生恶心、头痛、心跳加速等不良反应。因此，饮用葡萄酒之前，建议先进食，或一边进食一边饮用葡萄酒。这样的饮用方式不仅更有利于食物的消化，而且可以减少胃肠对乙醇的吸收，从而更好地保护胃肠器官。

2. 勿与碳酸饮料同饮

很多葡萄酒爱好者因为不习惯葡萄酒酸涩的口感，所以通常喜欢往葡萄酒中加入甜味较重的雪碧或者可乐等碳酸饮料，以此来中和葡萄酒酸涩的口味。但碳酸饮料中所含的二氧化碳会促进酒精在胃中的吸收，从而更易醉，且这种饮法还会导致摄入过多糖分，不仅影响葡萄酒原本的口感和醇香，也破坏了酒中的营养物质。

3. 饮酒期间，建议摄入适量绿叶菜

由于酒精对肝脏伤害较大，因此喝酒时建议多吃绿叶菜。绿叶菜中的抗氧化剂和维生素可以保护肝脏。

4. 勿与其他酒类混饮

不建议在席间同时饮用葡萄酒及其他酒类（如白酒、黄酒等）。因为不同酒类的原料和酿造方法不同，混合饮用所产生的化学反应更容易损伤脑和神经系统。

5. 酒后勿即刻沐浴

酒后洗热水澡，容易导致热气聚集在人体内不散发，加重醉态，导致呕吐甚至晕厥。洗冷水澡，会使肝脏来不及补充血液中消耗的葡萄糖，加上冷水的刺激，血管收缩，可能会导致患感冒，甚至血管破裂等。

（四）合理饮酒的指导准则

（1）孕妇和备孕者不饮酒。

（2）酒精不能与药类同时使用，应该谨遵医嘱，在服药期间不饮酒。

（3）有精神类病史或成瘾症人群也应避免饮酒。

（4）驾车外出前不要饮酒，酒后开车和醉酒驾驶不仅危害自己和他人生命，而且均属违法行为。

（五）过量饮酒的危害

酒精可能通过影响神经从而影响人的情绪和控制力。醉酒会削弱饮酒者的判断能力，增加危险发生的概率，包括但不限于下列后果：

（1）持续受伤以及卷入事故的危险系数增加。

（2）产生犯罪记录的危险性增加。

（3）在极端情况下，会造成酒精中毒、昏迷、脑部受损等。

二、社会责任

（一）理性的酒类市场

酒精是葡萄酒的组成部分，若过度饮酒，可能增加人体对酒精的耐受能力，但也会影响饮酒者的健康。目前，各国法律和规章制度均对酒类的生产、市场和销售进行了规范，包括但不限于自律守则和公司规则。

（二）与酒相关的法律法规

由于过度饮酒会造成严重的后果，大多数国家设立了相关法律法规，控制不当的饮酒行为。这些法律法规主要涉及以下四个方面：

（1）购买或者饮用酒精类饮品的最低合法年龄。比如，德国规定啤酒和红酒的最小法定购酒年龄为16岁，但烈酒要求达到18岁才能购买。

> **课堂互动**
>
> **快问快答**
>
> 1. 我国法定饮酒年龄是多少岁？
> 2. 对于经常喝酒的人，身体消化酒精的能力是否会变好？
> 3. 喝酒的时候吃东西会减少酒精对身体的影响吗？
> 4. 睡前喝水能减轻酒精产生的危害吗？
> 5. 只喝了一点点酒，开车会有危险吗？
> 6. 睡一夜之后，酒精对人的作用就会消失吗？
> 7. 葡萄酒具有抗氧化成分，所以喝得越多越好吗？

（2）司机和其他危险型机器操作者的血液酒精度最大值。通过测量每毫升血液中含有多少毫克的乙醇含量，反映血液中的酒精含量，从而得到一个人的血液酒精浓度。世界上绝大多数国家都设立了针对司机的合法血液酒精浓度范围，一旦发现违规行为会执行相应的惩处措施。

（3）合理饮酒的指导准则。

（4）关于酒精类饮品市场和销售的限制。

目前与酒精法律法规相关的国际标准相对较少，有时一个国家内的不同地区都有不同的规定。在购酒法定年龄与饮酒法定年龄方面，许多国家在法律上均设定了饮用或者购买酒精类饮品消费者的年龄下限。

中国法律没有限制饮酒最低年龄，但是限定酒类经营者不得向未成年人（民法中的“未成年人”指未满18周岁的自然人）销售酒类商品。《中华人民共和国未成年人保护法》第五十九条规定：学校、幼儿园周边不得设置烟、酒、彩票销售网点。禁止向未成年人销售烟、酒、彩票或者兑付彩票奖金。烟、酒和彩票经营者应当在显著位置设置不向未成年人销售烟、酒或者彩票的标志；对难以判明是否是未成年人的，应当要求其出示身份证件。任何人不得在学校、幼儿园和其他未成年人集中活动的公共场所吸烟、饮酒。

技能实训

请以小组为单位，完成下列任务：每组选择一个特定的社会责任或品饮健康主题，如“未成年人饮酒防控”“酒后不开车”“药物与酒的相互作用”等，并开展以下活动：

（1）调查研究：深入研究所选主题，了解相关法律法规、数据和案例。

（2）创意宣传活动：每个小组设计一个创意宣传活动，如社交媒体广告、宣传册、海报、视频等，旨在提高学生对所选主题的认知和警觉。

（3）实际推广：学生在校园或社区内实施上述内容的宣传活动，通过不同方式向人们传达社会责任和品饮健康的信息。

（4）报告和反思：活动结束后，每个小组撰写一份书面报告，总结活动过程、成果和学到的经验。最后进行小组讨论，分享对葡萄酒社会责任和品饮健康的新认识。

反馈评价

评价内容	评价标准	自评	互评	师评
出勤 20%	按时出勤，未有无故迟到、早退、旷课现象。			
课堂学习 20%	积极投入理论学习，踊跃参与课堂互动。			
实训汇报展示 60%	内容准确性：能够提供准确的所选主题的相关法律法规、数据和案例。			
	创意和吸引力：创意宣传活动富有新意，能够吸引目标受众的注意力；方案中包含有趣的、引人入胜的元素。			
	清晰性和逻辑性：展示结构清晰，逻辑严谨，易于理解。			
	引用和来源：能够引用可信的资料来支持其研究；提供了参考文献或引用来源。			
	沟通能力：口头展示时表述清晰且能够使用适当的语言和语调；书面展示应体现良好的写作技巧，包括语法准确、拼写规范和文风有特色。			
	吸引力和兴趣：能够使用生动的例子、图片或多媒体元素引起观众或读者的兴趣。			
	反馈和互动：口头展示时能够回应听众的问题和反馈，与观众互动，并展现对听众的关注和尊重。			

项目小结

本项目中，我们深入探讨了葡萄酒与健康安全相关的话题，内容主要涵盖了葡萄酒的内涵与分类、社会责任与品饮健康两个重要方面。深入了解这些内容，不仅扩展了我们对葡萄酒的认识，还培养了我们的品鉴技能和社会责任感。

在实践中，大家通过参与创意宣传活动，致力于提高社会对葡萄酒社会责任和品饮健康的认知。通过设计广告、海报、宣传册等宣传材料，提高了大家在品饮葡萄酒时的责任意识，并鼓励大家形成健康的品饮习惯。

本项目的学习让大家更深入地理解了葡萄酒的世界，培养了品鉴技能、社会责任感和创新精神，为未来在葡萄酒行业或相关领域的职业生涯奠定了坚实基础。

知识园地 · 中国故事

中国葡萄酒主题电影——《觉醒的葡萄》亮相威尼斯电影节

2023 年 9 月 3 日，在意大利威尼斯电影节的舞台上，中国葡萄酒产业的崛起成为全球焦点。中国葡萄酒主题电影《觉醒的葡萄》（*Waking the Sleeping Grape*）在电影节放映，该电影精彩地展现了中国精品葡萄酒行业的壮丽崛起。尽管中国葡萄酒行业取得了巨大的发展，国际市场仍对中国的葡萄酒知之甚少。电影《觉醒的葡萄》正是以此为背景展开的，通过艺术的方式向全球观众传递中国精品葡萄酒的真实与美妙。

《觉醒的葡萄》以独特的视角，讲述了众多中国酒庄创业者与酿酒师的故事，他们怀揣着梦想与激情，与团队一同努力打造独特且出色的中国葡萄酒。故事充满挑战和艰辛，但也饱含着热情和希望，让观众深受感动。

除了电影的魅力，中国精品葡萄酒也在电影节上大展风采。中国精品葡萄酒的崛起已成为全球市场关注的焦点。多年来，中国葡萄酒创业者的努力与才华在国内外市场上逐渐获得认可。对于葡萄酒行业而言，中国葡萄酒成长的速度非常快，也正在改变葡萄酒消费市场。越来越多的中国葡萄酒以其独特的风味和高品质而受到世界各地酒店、餐厅以及葡萄酒爱好者的青睐。葡萄酒是文化大使，从田园到餐桌，从乡村到城市，喜欢葡萄酒的人们也在好奇葡萄酒背后的故事，这个美妙的饮品成功地促进了世界文化的交流。

项目四 葡萄酒的品评与鉴赏

项目导学

项目导语

◆ 本项目将引领大家进入葡萄酒的品评与鉴赏之旅。无论你是刚刚踏入这个领域，还是已经拥有一些经验，都将在这里发现品味葡萄酒的新视角。品评与鉴赏是葡萄酒领域的关键技能，无论对葡萄酒爱好者、未来的侍酒师，还是餐饮业从业者而言，都至关重要。

知识目标

◆ 了解葡萄酒品鉴前的准备工作，包括适当的杯具、温度和环境。
◆ 掌握葡萄酒的视觉信息解读，包括对酒瓶、酒标、酒杯和酒液的鉴别。
◆ 掌握葡萄酒的嗅觉鉴赏技巧，包括常见香气和气味的识别。
◆ 掌握葡萄酒的味觉鉴赏技巧，包括口感、酸度、单宁等要素的评估。
◆ 学习如何撰写清晰、生动、有表现力的品酒辞，以表达对葡萄酒的感受和评价。

能力目标

◆ 能够准备葡萄酒品鉴的场景，包括选择适当的酒杯、适合的品酒环境等。
◆ 能够通过酒瓶、酒标、酒杯和酒液等视觉信息识别葡萄酒的特征。
◆ 能够通过嗅觉辨认出葡萄酒中常见的香气和气味。
◆ 能够通过味觉分辨葡萄酒的口感特征，包括甜度、酸度、单宁、酒体等。
◆ 能够运用恰当的词汇和表述撰写品酒辞，以表达葡萄酒的风格和品质。

素养目标

◆ 通过品评与鉴赏的实践，与他人分享品鉴体验，提高专业和社交能力。

任务一　品鉴前的准备

情境导入

与朋友或家人一起分享一瓶美酒时，你会做哪些准备呢？想象一下，你正在准备这周末与朋友的小型聚会，并为此准备了几瓶精品葡萄酒。为了能让这次的品鉴体验给大家留下深刻的印象，你需要考虑一些重要的细节：选择怎样的酒杯？葡萄酒的适宜温度是多少？选在什么场景合适？

这些正是本任务即将讨论的内容。无论是家庭聚会、餐厅用餐还是专业品酒活动，充足适当的准备是充分享受葡萄酒的前提。

知识精讲

一、酒杯准备

（一）选择合适的酒杯

酒杯除了用于盛酒之外，更重要的作用是美学欣赏，在酒杯的衬托下品鉴葡萄酒的颜色和香气。专业的葡萄酒杯通常无色透明、厚薄均匀、高脚、杯口小而杯身大。一般而言，要根据品鉴的葡萄酒的不同类别挑选合适的酒杯。通常选用的酒杯有波尔多红葡萄酒杯、勃艮第红葡萄酒杯、白葡萄酒杯、香槟杯、甜酒杯等。

（二）酒杯的清洁

酒杯是品尝酒水的唯一工具，所以酒杯必须清洁，无任何污物或残余酒痕及水痕。

知识链接　常见的葡萄酒杯

1. 高脚水杯

高脚水杯主要用于盛放矿泉水和冰水，容量为 200mL ～ 250mL。在有葡萄酒杯出现的场合，我们也常常能看到水杯的身影。高脚水杯主要用于在喝下一款葡萄酒之前清口，以免上一款酒的味道影响对下一款酒的评判。正规的宴会上使用的水杯通常也是高脚杯，和葡萄酒杯不同的是，它的高脚部分略短一点，杯身部分会显得长一些，给人比较敦实的感觉。

高脚水杯

2. 波尔多红葡萄酒杯

波尔多红葡萄酒杯的杯身较长，杯口较窄，此杯形可令酒的气味聚集于杯口。除了勃艮第红葡萄酒以外，波尔多红葡萄酒杯还适用于其他很多红葡萄酒，因为大部分的葡萄酒都是根据波尔多的风格酿制而成的。

波尔多红葡萄酒杯

3. 勃艮第红葡萄酒杯

勃艮第红葡萄酒杯杯身较矮，类似于气球的形状，即大杯身。这样的杯形更易于散发产于法国勃艮第地区葡萄酒浓郁复杂的香气。同时，因为勃艮第的酒果味较重，在口里流动的幅度较大，球状杯身正好可以令红酒先流向舌头中间，再向四周流散，使果味、酸味相互融合；向内收窄的杯口可以更好地凝聚酒香。显然，波尔多红葡萄酒杯侧重的是“收香”，显得低调内敛；而勃艮第红葡萄酒杯侧重的是“散香”，更显高调张扬。

勃艮第红葡萄酒杯

4. 白葡萄酒杯

相比红葡萄酒杯，白葡萄酒杯的开口会小一些，杯身和杯肚都较瘦，就像一朵待放的郁金香。白葡萄酒杯更瘦一些，减少了酒和空气的接触，会令香气更持久。同时，白葡萄酒饮用时温度较低，一旦从冷藏的酒瓶中倒入杯中，其温度就会迅速上升，采用小杯更有利于保持低温。

白葡萄酒杯

5. 香槟杯 / 笛形杯

香槟杯通常为郁金香形香槟杯和笛形香槟杯。纤长的杯身是为了让气泡有足够的上升空间。标准的香槟杯在杯底有一个尖的凹点，这个小小的设计可以令气泡更丰富、更漂亮。笛形香槟杯则纤长狭小、形状优雅，是品尝香槟的理想酒杯。

香槟杯/笛形杯

6. ISO 品酒杯

ISO 品酒杯是国际标准化组织（ISO）制定的品酒杯。如果只能用一种酒杯去品尝所有的葡萄酒，则可以选择 ISO 品酒杯。ISO 品酒杯杯身造型类似一朵含苞待放的郁金香，它不会突出酒的任何特点，而是直接展现葡萄酒原有的风味。无论是哪种葡萄酒，在这种杯子里都是平等的。不论是红葡萄酒、白葡萄酒、起泡酒还是加强型葡萄酒（波特酒或雪利酒），甚至白兰地，都可以用这种酒杯来品尝。因此，该酒杯常见于葡萄酒测试或葡萄酒大赛的评鉴赛场。

ISO品酒杯

无色、无花纹、无雕饰的杯身便于观察葡萄酒的颜色；细长的杯茎方便旋转酒杯加速释放酒香，同时也可避免因手握杯壁而提高酒温；较深的杯身可确保旋转酒杯不会溅出酒液，同时也可为酒香留下对流和集中的空间；收窄的杯口有利于聚集酒香，并可将酒液导入舌面的最佳位置。

二、醒酒准备

品尝前通常要将葡萄酒转换至另一容器，这里的作用除了将酒与酒瓶中所产生的沉淀物分离之外，还有一个重要的作用就是让酒进行“呼吸”。因为一瓶经过长期贮存的葡萄酒在饮用前，为了更好地将它的特色发挥出来，让它与空气接触是必不可少的一道程序。

一般葡萄酒的呼吸时间根据酒的特征从 0.5 ～ 2 小时不等。另外，新鲜的葡萄酒一般无须做转换容器，在饮用前翻开瓶口让其“呼吸”一段时间便可。

醒酒操作的相关内容，将在项目九的任务四中做详细介绍。

三、环境准备

（一）光源与白色背景物

自然光是最佳光源，人造光源会影响葡萄酒的色调，特别是要避免荧光性的光源，这种光线会使红色看起来像不健康的棕色。烛光可强化葡萄酒的外观，但在比较正式的品酒场合，烛光只能用于观察葡萄酒的真正纯净度。所以烛光大都用在酒窖来观察刚从酒桶里抽出的浅龄的葡萄酒。

（二）品酒场地

关于品酒场地，首先需要一个空间足够大的场地，能方便地自由活动、书写等，不会影响其他人的通路。若是所有品尝者都挤在一个狭小的空间里，会使品尝者感到不舒服。场地应保持空气清新，不允许有任何异味，包括烟味及香水味。因为这些味道可能会掩盖葡萄酒的香气，或者使品酒者嗅觉的敏感度下降，影响闻香的享受度和准确性。

品酒场地的温度和湿度应保持稳定和均匀。温度应控制在 15℃～ 20℃，相对湿度应控制在 50% ～ 60%。不适宜的温度与湿度易使人感到身体和精神不舒适，并对味觉有明显影响。品酒时应选择宁静的地方，或有防音装置的场所，噪声应限制在 40 分贝以下。因为噪声除妨碍听觉外，对味觉也有影响，还使人注意力分散，工作能力下降，容易疲劳。

（三）温度准备

根据产品特征的不同，葡萄酒最正确的饮用温度也有所区别。为了让葡萄酒充分展示其特色，给品尝者带来最大程度的乐趣，在侍酒时要注意酒的温度。相关内容详见本书项目九任务二。

四、其他准备

（一）白纸

相比各种五彩缤纷的背景色，白纸的存在实际上是为了方便观察葡萄酒酒液的颜色、边缘色泽和澄清度。在品酒过程中，将酒杯倾斜置于白纸上，借助白纸来观察酒杯中葡萄酒的颜色，白纸也能换成白色的餐巾纸或白色的桌布。

（二）吐酒桶

在品酒过程中，我们会接连品尝不同的酒款，为了防止摄入过多的酒精，保持良好的精神状态和品鉴状态，最好是将品尝过的葡萄酒吐到吐酒桶中。一般来说，吐酒桶是一个塑料制的小桶，桶帽为下陷的、类似漏斗形的导流盖，吐出的葡萄酒能顺着漏斗口流到桶里，这样能避免吐酒时桶里的废酒飞溅，也能减少吐酒桶中积聚的味道对接下来品鉴的影响。

吐酒桶

（三）矿泉水

在品鉴不同酒款的时候，可以用矿泉水漱口以减少上一款酒残留在口腔中的味道。在品鉴中若是喝入过多酒水会使身体脱水，备有一瓶水可以随时补充身体所需的水分。

（四）服务工具

开启葡萄酒的工具，如海马刀、服务口布、餐巾纸、冰桶、温度计等。

服务工具

技能实训

请以小组为单位，完成下列任务：

某产区将于下周在你所在的城市举办一场主题为“中国葡萄酒，当惊世界殊”的葡萄酒品鉴推介会，数家产区内的知名酒庄将带镇庄酒款和精品酒款亮相。国内外企业嘉宾、葡萄酒经销企业、葡萄酒专家和媒体代表等共200余位嘉宾出席，共同见证当地体验中心的揭牌与现场销售签约仪式，品鉴产区葡萄酒，进一步拓展交流渠道。

你所在的小组希望成为这次活动的策划团队并参与竞标。请你们：

（1）为这次活动选择1～2个合适的场地，并阐明选择的理由；

（2）设计一份品鉴会的工作准备单，主要包括品酒的环境设计和物品准备、现场布置图等。

（3）将策划方案在班级中展示，并与其他小组展开竞争，最后投票选出中标团队。

反馈评价

评价内容	评价标准	自评	互评	师评
出勤 20%	按时出勤，未有无故迟到、早退、旷课现象。			
课堂学习 20%	积极投入理论学习，踊跃参与课堂互动。			

续表

评价内容	评价标准	自评	互评	师评
实训 方案展示 60%	清晰性和逻辑性：展示结构清晰，逻辑严谨，易于理解。			
	沟通能力：口头展示时表述清晰且能够使用适当的语言和语调。			
	吸引力和兴趣：能够使用生动的例子、图片或多媒体元素引起观众或读者的兴趣。			
	反馈和互动：口头展示时能够回应听众的问题和反馈，与听众互动，并展现对听众的关注和尊重。			
	目标明确性：方案有明确的目标和期望的结果；方案清楚定义了目标受众。			
	策略合理性：策略与目标相一致；能够选择适当的推广渠道和工具。			
	创意和吸引力：方案有创意，能够吸引目标受众的注意；方案中包含有趣的、引人入胜的元素。			
	可执行性：方案考虑了资源、时间和预算的限制，有详细的执行计划，具备一定的可行性。			
	风险管理：方案考虑了潜在的风险和挑战，并提供了应对策略和备选计划。			

任务二　葡萄酒的视觉鉴赏

情境导入

你正在一家高级餐厅享用精致的晚餐，坐在温暖、柔和的灯光下，餐厅内的装饰品位不俗。桌上已经摆放了一杯葡萄酒，你注意到葡萄酒在玻璃杯中的表现并开始欣赏这杯葡萄酒的外观，包括酒液的颜色、透明度、光泽等；桌边的葡萄酒瓶、酒塞和酒标也引起了你的兴趣。

通过本任务的学习，我们将了解如何通过葡萄酒和葡萄酒瓶的外观获得葡萄酒的相关信息，以确保每次品鉴都是一次愉悦的经历。

一、酒瓶鉴赏

（一）酒瓶的形状

经典的波尔多酒瓶形状常用于赤霞珠或梅洛葡萄品种的红葡萄酒，以及波尔多的白葡萄酒。

经典的勃艮第和罗讷河谷型酒瓶形状很常见，主要用于黑皮诺、西拉、歌海娜葡萄品种的红葡萄酒和霞多丽的白葡萄酒，以及其他范围广泛的葡萄酒。起泡酒的酒瓶必须用更厚实的玻璃以撑住内部的压力，这使它看起来比较像大型的勃艮第瓶。而最昂贵的香槟酒瓶则有其特别的形状。

知识链接 **酒瓶的形状**

17 世纪前，葡萄酒通常存放在木桶或陶罐中；17 世纪后，开始有人把酒装在玻璃瓶中，而后，大家逐渐发现这样的储酒方法既方便存储又方便运输。为了使酒能水平放置，瓶子逐渐由开始的圆肚形演化成了今天的细长型。

大部分葡萄酒产区使用各具特色的瓶型，这与其所盛装的各种不同的酒的熟化条件有着密切的关系。如需存放的时间长短、沉淀物的多少等。另外，由于葡萄酒需要避光保存，因此无色瓶或浅色瓶的使用率比深色瓶低；葡萄酒瓶的颜色通常为深绿色（白葡萄酒）或深棕色（红葡萄酒）。常见的瓶形如下：

1. 波尔多瓶

波尔多瓶的瓶身较直、瓶肩较高，是最常见的瓶形，常被用来盛装波尔多混酿风格的葡萄酒。意大利葡萄酒如基安帝葡萄酒也常用波尔多瓶盛装。

2. 勃艮第瓶

勃艮第瓶的瓶身较圆、瓶肩倾斜度大而圆润，瓶体厚重结实，通常用来盛装一些酒体醇厚、香味浓郁的葡萄酒。霞多丽和黑皮诺葡萄酒通常采用勃艮第瓶；意大利的巴罗洛等较为浓郁的葡萄酒、卢瓦尔河谷和朗格多克等产区的葡萄酒也大多使用勃艮第瓶。

3. 阿尔萨斯瓶

阿尔萨斯瓶的瓶子直径较小，有点像棒球棍，有人把这类瓶身细长的酒瓶称作“笛形瓶”。尽管瓶身较高，但其容量和标准瓶一样仍为 750 毫升。除了法国阿尔萨斯地区，在德国摩泽尔地区也会使用类似瓶形。此外，德国冰酒的瓶形也与其相似，但直径更小一些。看到这样瘦长型的瓶子，就可以知道其产地大概率来自北方寒冷地区。

4. 香槟瓶

香槟或起泡酒的瓶子也是辨识度很高的葡萄酒瓶型之一，因为其酒塞都是容易辨识的蘑菇塞。为了承受巨大的瓶内压，香槟瓶瓶身往往较重，玻璃也较厚；瓶身与勃艮第瓶相似，但瓶身更为平滑、线条更流畅。

波尔多瓶　勃艮第瓶　阿尔萨斯瓶　香槟瓶

（二）酒瓶的尺寸

标准酒瓶可以装 750 毫升的葡萄酒，这就是为什么按杯卖的葡萄酒往往按 750 毫升的比例出售。根据葡萄酒交易理论，对瓶中陈酿来说，最理想的尺寸是 1500 毫升，因为这个容量的葡萄酒与氧气的比例在理论上是最理想的。但如果 1500 毫升的葡萄酒遇上软木塞污染则损失较大。而更大尺寸的葡萄酒瓶可能具有特殊的纪念意义。

各种规格的葡萄酒瓶

二、酒塞鉴别

酒塞是用来隔绝空气与酒液的直接接触，从而使葡萄酒保鲜的利器。常见的葡萄酒塞有天然软木塞、合成塞、螺旋塞，除此之外还有玻璃塞和蘑菇塞。历史最悠久的葡萄酒塞是天然软木塞，天然软木塞已经有了千年的使用历史。

（1）天然软木塞：使用栎木树皮（也有少量的其他树种）制成，将树皮直接压制成整个酒塞。根据树皮的沟壑、皮孔的密度，天然软木塞也分为很多等级。

（2）合成塞：是一种橡胶制品，因外形和作用与天然软木塞极其相似且成本较低，是天然软木塞的常见替代品。但因其只能短暂保持葡萄酒的抗氧化时间（约 18 个月），装瓶后需尽快饮用，因此，通常适用于年轻易饮的葡萄酒或售价低廉的葡萄酒。

（3）螺旋塞：可以达到更好的瓶口密封效果，保证开瓶后能够发现杯中酒可继续演变的潜力、悠长的香气和清爽宜人的曼妙品质，多见于新世界葡萄酒产区。

（4）玻璃塞：由玻璃和内侧的橡胶圈组合而成，但其普及性目前不高。

（5）蘑菇塞：常用于起泡葡萄酒的密封，这种特殊的蘑菇造型的塞子，再配合上铁丝，能够抵抗住起泡酒瓶内的高压。

不同类型的葡萄酒塞

三、酒标鉴赏

课堂互动

观察下列酒标，讨论酒标中一般包含哪些信息。

酒标

酒标通常指的是酒瓶上的标签，上面包含有关葡萄酒的信息。这些标签通常包括（但不限于）以下内容：

（1）葡萄酒品牌。酒标上要标明酿造或生产酒的公司或酒庄的名称。作为一款葡萄酒的“姓名”，酒标上的酒庄名或品牌名一般都最为醒目，以最直接的方式告诉消费者这是一款什么样的葡萄酒。一般来说，旧世界产酒国常以酒庄的名义发售葡萄酒，所以通常标注酒庄名；而新世界产酒国的酒庄名和品牌都有可能出现在酒标上。如果某个酒庄或品牌旗下有多个酒款，通常也会在酒标上同时标示酒庄、品牌和相应的酒款名称或编号。

（2）产地。酒标上提供了酒的生产地点，通常包括国家、产区、葡萄园的名称等。

（3）年份。葡萄酒瓶上标注的年份通常是指葡萄的采摘年份。这在葡萄酒中特别重要，因为葡萄酒的质量和口感可能因年份而异。而对于无年份香槟或使用多个年份葡萄混酿的酒款来说，就不会在酒标上标注年份了。

（4）葡萄品种。在旧世界产酒国，很多经典产区的葡萄品种通常都比较固定，再加上有的产区会采用多品种混酿，因此酒标上很少会标注葡萄品种的信息；而新世界产酒国则倾向于标注葡萄品种。

（5）酒精度。葡萄酒的酒精度一般在 8% vol ～ 15% vol。

（6）酒的容量。表示酒瓶中酒的容量，通常以升（L）或毫升（mL）为单位。

（7）酒的口感描述。一些酒标上可能包括对酒的口感和风味的描述，如果味、香气、酸度、单宁等。

（8）酒的饮用建议。酒标上有建议如何品尝、搭配食物以及最佳的饮用温度。

（9）酒的奖项和认证。一些酒标上可能展示了获得的奖项、评分或其他认证，以证明酒的质量和口碑。

酒标对消费者来说是一种重要的信息来源，可以帮助他们选择适合自己口味和需求的酒类产品。酒标也在一定程度上反映了酒的质量和历史。

四、酒液鉴赏

（一）澄清度：清澈 / 浑浊（考虑是否有缺陷）

通过观察葡萄酒的酒液来判断酒液的澄清度是一项重要的品鉴技巧。澄清的葡萄酒通常更吸引人，但它不仅仅是审美的问题，还与葡萄酒的稳定性和口感有关。

酒液鉴赏

1. 判断葡萄酒是否澄清的方法

（1）倾斜杯子观察。将酒杯倾斜 45°，使酒液靠近杯子的边缘。通过观察倾斜的酒液，可以更容易地检查澄清情况。

（2）外观。澄清的葡萄酒应该是透明的，没有悬浮物或浑浊的颗粒。如果酒液有浑浊、混浊，或有悬浮物，那么它可能未经充分澄清。

（3）颜色。除了清澈，颜色也应该符合相应的葡萄酒类型，如白葡萄酒可能是淡黄色、金黄色或绿色，而红葡萄酒可能是深红色、紫红色或橙红色。

2. 观察澄清度的意义

（1）质量和美观。澄清的葡萄酒通常被认为是更高质量和更美观的。清澈的酒液会给人良好的第一印象，这在葡萄酒品鉴和服务中非常重要。

（2）稳定性。澄清有助于提高葡萄酒的稳定性，减少酒液中悬浮物的沉淀和变质的风险，从而有助于葡萄酒的长期储存。

（3）口感。澄清的葡萄酒通常更加顺滑，口感更好。不澄清的葡萄酒可能会带有颗粒或沉淀，影响口感。

需要指出的是，有些葡萄酒类型可能故意保持一定程度的混浊或浑浊，因为这与其特定的风味特征相关。因此，在判断葡萄酒的澄清性时，也要考虑到葡萄酒的类型和风格。

（二）颜色深度：淡/中/深

观察葡萄酒的颜色深度是葡萄酒品鉴中的一项重要技巧。颜色深度通常与葡萄酒的类型、年份和陈年潜力相关，为了解葡萄酒的整体特征提供重要线索。以下是一些可用于判断葡萄酒颜色深度的维度和方法。

（1）观察葡萄酒的透明度。将酒杯倾斜 45°，并将白纸或白色背景置于酒杯下方，观察酒液是否透明。深度颜色的葡萄酒通常不透明，而浅色葡萄酒通常较为透明。

（2）酒液边缘的颜色。从葡萄酒的边缘相对容易看出葡萄酒的颜色深度。深色的葡萄酒通常在边缘部分呈现更深、更浓烈的颜色。

（3）颜色对比。将不同颜色深度的葡萄酒放在一起对比。将浅色葡萄酒和深色葡萄酒并排放在一起，可以更容易区分它们的颜色深度。

颜色深度通常与葡萄酒的类型、品种和年份有关，而且它可以提供关于葡萄酒的类型、年份、陈年潜力和可能的口感特征等线索。因此，颜色深度是葡萄酒品鉴中的一个重要方面，对了解葡萄酒的特性非常有帮助。通过葡萄酒颜色的深度，我们可以了解以下信息：

第一，葡萄酒类型。颜色深度可以提供关于葡萄酒类型的线索。不同类型的葡萄酒通常具有不同的颜色特征。例如：白葡萄酒通常颜色较淡，而红葡萄酒可能在颜色深度上有更大的差异，从淡红到深紫。

第二，年份。颜色深度也可以反映葡萄酒的年份。通常，年轻葡萄酒的颜色较为鲜艳和清亮，而陈年葡萄酒的颜色可能会更深，因为随着时间的推移，葡萄酒会与氧气接触，颜色会逐渐变深。

第三，陈年潜力。深色葡萄酒通常具有更好的陈年潜力。颜色深度可以暗示葡萄酒中的多酚类化合物含量，这些化合物对陈年有重要作用。因此，深色红葡萄酒通常更适合陈年，因为它们可能更耐储存和熟化。

第四，口感特征。颜色深度也可以为葡萄酒的口感特征提供线索。一般来说，深色葡萄酒可能会更加浓烈和丰富，而淡色葡萄酒可能更轻盈。这将有助于葡萄酒品鉴师预测葡萄酒的口感和结构。

第五，新鲜度。浅色葡萄酒通常被认为是较为新鲜和年轻的，而深色葡萄酒可能经历了更长时间的陈年或橡木桶陈酿。因此，颜色深度可以在一定程度上提供葡萄酒的新鲜度线索。

（三）颜色

观察酒液边缘的颜色。将注意力集中在酒液的边缘，因为颜色深度在这里最明显。颜色通常会从中心到边缘逐渐变浅。

1. 白葡萄酒的颜色

柠檬色：接近淡黄或淡柠檬黄。它表明葡萄酒年轻且新鲜。

金黄色：金黄色比柠檬色更深，如成熟柠檬或金黄色水果的颜色。这通常意味着葡萄酒经历了一些陈年，具有一定的陈年潜力。

琥珀色：类似琥珀宝石的颜色。这表明葡萄酒经历了较长时间的陈年，可能已经成熟，口感更丰富。

白葡萄酒的颜色

2. 桃红葡萄酒的颜色

粉红色：粉红色葡萄酒通常呈现淡粉红色，类似于浆果或桃子的颜色。

粉橘色：粉橘色比粉红色稍深，带有橘红或桃橙的色调。这表明葡萄酒可能在陈年或发展中，味道和风味可能更加复杂。

橙色：橙色是桃红葡萄酒中的深色，呈现明亮的橙色或琥珀色。橙色葡萄酒通常表示葡萄酒已经陈年，口感和风味更加复杂。

桃红葡萄酒的颜色

3. 红葡萄酒的颜色

紫红色：呈现深紫色或宝石般的紫红色，紫红色葡萄酒通常是年轻葡萄酒的颜色。

宝石红色：宝石红色比紫红色稍亮丽，带有亮丽的红宝石的颜色。这表明葡萄酒可能在年龄上有所发展，但仍然年轻。

石榴红色：石榴红色通常呈现鲜艳的红色，类似于石榴果实的颜色。这表明葡萄酒可能较为年轻或口感轻盈。

茶色：茶色是红葡萄酒中的深色，通常带有棕色或橙褐的色调。这表明葡萄酒已经经历了长时间的陈年，风味和口感可能较为复杂。

红葡萄酒的颜色

技能实训

请以小组为单位，完成以下内容：

作为一家葡萄酒电商平台的运营团队，你们主要负责为网站上的各款葡萄酒提供详细的描述和图片。一瓶葡萄酒的外观对于吸引潜在顾客非常重要，因为这是他们在屏幕上唯一能够读到的信息。作为葡萄酒爱好者和成熟的运营团队，你们深知葡萄酒的外观可以提供关于品质和特点的重要线索。

请从以下方面，为一款红葡萄酒和一款白葡萄酒设计产品信息页并在课堂中展示：

（1）美图拍摄：使用相机或智能手机拍摄高质量的葡萄酒照片，注意照明、角度和背景的选择，以突出葡萄酒的特点。

（2）颜色识别：通过视觉练习，学会识别葡萄酒的不同颜色并准确描述，如白葡萄酒的柠檬黄、金黄、琥珀色，以及红葡萄酒的紫红、石榴红、宝石红等。

（3）酒瓶与酒标：评估酒瓶的外观，包括形状、酒标设计和瓶封状况，分别描述和延展两款葡萄酒在酒瓶与酒标中的信息。

（4）酒杯选择：为两款葡萄酒分别选择适合的酒杯，做成推荐购买的内容，并在购买内容中描述不同形状和大小的酒杯是如何影响葡萄酒的外观和香气的。

反馈评价

评价内容	评价标准	自评	互评	师评
出勤 20%	按时出勤，未有无故迟到、早退、旷课现象。			
课堂学习 20%	积极投入理论学习，踊跃参与课堂互动。			
实训方案展示 60%	内容准确性：能够提供准确的信息和相关数据。			
	深度和广度：深入研究葡萄酒款的多个方面，包括酒瓶、酒标、生产工艺、产地特征、食物搭配等。			
	清晰性和逻辑性：展示结构清晰，逻辑严谨，易于理解。			
	目标受众分析：方案充分分析了目标受众的需求、兴趣和行为。			
	沟通能力：对于口头展示，表述清晰且能够使用适当的语言和语调。			
	吸引力和兴趣：能够使用生动的例子、图片或多媒体元素引起观众或读者的兴趣。			
	反馈和互动：对于口头展示，能够回应听众的问题和反馈，与听众互动，并展现对听众的关注和尊重。			
	目标明确性：方案有明确的目标和期望的结果；方案清楚定义了目标受众。			
	策略的合理性：策略与目标相一致；能够选择适当的推广渠道和工具。			
	创意和吸引力：方案有创意，能够吸引目标受众的注意；方案中包含有趣、引人入胜的元素。			
	可执行性：方案考虑了资源、时间和预算的限制，有详细的执行计划，具备一定的可行性。			

任务三　葡萄酒的嗅觉鉴赏

情境导入

作为一名葡萄酒侍酒师，你正在为一家高级餐厅的品鉴活动做准备。这次品鉴将包括一系列来自不同国家和地区的葡萄品种的葡萄酒。葡萄酒的香气是品尝和品鉴中不可或缺的一部分，它们揭示了葡萄酒的特点和品质。在餐厅的品鉴室中，桌上摆放着几个盲品酒杯。你的任务是在品鉴活动开始之前进行嗅觉训练，以便在品鉴中更好地识别和描述葡萄酒的香气。

通过本任务的学习，我们将了解如何辨别和描述葡萄酒的香气特征，以确保每次品鉴都是一次愉悦的经历。

知识精讲

一、嗅觉鉴赏的步骤

葡萄酒的嗅觉鉴赏是品鉴葡萄酒的重要步骤之一。通过嗅觉可以寻找葡萄酒的香气和气味，以更好地理解它的特性和品质。以下是葡萄酒嗅觉鉴赏的一般方法：

（1）闻气味。将酒杯放在鼻子下方，轻轻地摇动它，然后深吸一口气，嗅闻葡萄酒的香气。尝试识别不同的气味，包括水果、花卉、香料、木材和土壤的气味。注意前味、中味和尾味的香气。

（2）逐层嗅闻。将鼻子深入杯中，多次嗅闻，尝试识别更多的细节和复杂性。注意香气的强度，尝试评估香气的强度。某些葡萄酒可能有浓烈的香气，而其他葡萄酒可能较为轻盈。注意不良气味，如果葡萄酒有不良气味，如发霉、腐坏或酸味，这可能是葡萄酒质量有问题的迹象。

（3）与口感相结合。品尝与闻葡萄酒的过程相结合，以更好地理解葡萄酒的整体特性。

品鉴葡萄酒需要练习和经验，因此不要担心一开始无法识别所有的香气。通过不断尝试和品鉴不同的葡萄酒，便可以提高自己的品鉴技巧。

二、嗅觉鉴赏的维度

（一）香气浓度

判断葡萄酒嗅觉方面的香气浓度需要经验和练习。通常，葡萄酒的香气浓度可以分为三个级别：淡、中和浓。以下是帮助区分葡萄酒香气浓度的一些方法：

（1）观察香气的强度。用鼻子深深地嗅一下葡萄酒，然后尝试判断香气的强度。淡的香气通常会比较轻微，不会占据主导地位，而浓的香气会非常明显，充满整个嗅觉空间。

（2）留意持续时间。留意香气在鼻子中的持续时间。淡的香气通常会迅速消散，而浓的香气会在嗅觉中停留更长时间。

（3）注意复杂性。浓的香气通常更加复杂，包含多个不同的香气元素。中和浓的香气可能有多层次的香气，而淡的香气可能较为单一。

需要注意的是，不同类型的葡萄酒通常具有不同的香气强度。例如：某些白葡萄酒通常具有较为淡雅的香气，而某些浓烈的红葡萄酒可能有非常浓烈的香气。此外，葡萄酒的年份、产地和品种也会影响香气的强度和复杂性。

（二）香气特征

用于描述葡萄酒嗅觉方面的香气特征通常涉及三类香气，这三类香气可能同时存在，也可能某一类或某两类特别突出，可用以推断葡萄酒的酿造品种、酿造工艺和陈年情况。

以下是这三类香气的常见特征和示例：

1. 一类香气

一类香气是直接来自葡萄本身的香气，通常与葡萄品种和生长条件有关。这些香气通常被认为是葡萄酒的主要特征，因为它们直接反映了葡萄的特点。一类香气通常包括以下类型：

果香：来自葡萄的天然果味，如樱桃、草莓、黑莓、柑橘等。

花香：如茉莉花、玫瑰花等。

香料香：如黑胡椒、丁香、肉桂等。

草药香：如薄荷、迷迭香、松露等。

矿物质香：如湿土、岩石、矿物等。

2. 二类香气

二类香气是葡萄酒酿造和陈年过程中产生的香气，通常与发酵、陈酿和橡木桶接触有关。这些香气通常是辅助性的，丰富了葡萄酒的复杂性。二类香气通常包括以下类型：

酵母香气：如新鲜面包、酵母面团、酵母气息。

乳酸发酵香气：如奶油、黄油、酸奶味。

橡木桶香气：如香草、烤面包、烤杏仁、烤橡木等。

酒石结晶香气：如石膏、矿物质的气息。

3. 三类香气

三类香气是葡萄酒在陈年和瓶贮存过程中逐渐形成的香气，通常与葡萄酒的陈年潜力和复杂性有关。这些香气通常包括以下类型：

陈年香气：如干果、皮革、烟草、松露、森林底层等。

瓶贮存香气：如陈年葡萄酒特有的香气，如焦糖、烟草盒、烤坚果等。

氧化香气：如蜜糖、干果、酿造酱油等。

描述葡萄酒的香气特征，通常需要练习和培养对不同类型香气的辨识能力。通过品尝和品评不同类型的葡萄酒，以及参考葡萄酒品鉴专家的描述，可以逐渐提高对葡萄酒香气的理解和描述能力。

技能实训

实训 1：香气辨识挑战

准备几个不透明容器，每个容器里有不同的物质，如水果、香料、花卉等。请学生闻每个容器内的香气，然后识别出它们，并与葡萄酒中的香气进行比较。

实训 2：香气描述练习

在品尝葡萄酒时，请将嗅觉体验转化为专业的口头描述，用精确和生动的语言描述葡萄酒的香气。

反馈评价

评价内容	评价标准	自评	互评	师评
出勤 10%	按时出勤，未有无故迟到、早退、旷课现象。			
课堂学习 10%	积极投入理论学习，踊跃参与课堂互动。			
实训 1 香气识别挑战 30%	品鉴表达能力：在口头表达中，能够使用专业术语和形容词流畅、自信地描述嗅闻的感受。在书面表达中，能够以清晰、连贯的方式传达品鉴观点。			
	品鉴准确性：品鉴评价能够准确辨别和描述香味特征。			
	专业素养：实训过程中，表现出专业的态度、独立思考和对葡萄酒领域的热情。			
实训 2 香气描述练习 50%	葡萄酒品尝技巧：能够使用专业术语对葡萄酒的嗅觉方面做出评价。			
	品鉴笔记：能够尝试从嗅觉方面记录葡萄酒的品鉴体验；笔记准确、清晰、有条理。			
	品鉴表达能力：在口头表达中，能够使用专业术语和形容词流畅、自信地描述品鉴感受。在书面表达中，能够以清晰、连贯的方式传达品鉴观点。			
	品鉴准确性：品鉴评价能够准确反映葡萄酒的特点。			
	专业素养：实训过程中，表现出专业的态度、独立思考和对葡萄酒领域的热情。			

任务四　葡萄酒的味觉鉴赏

情境导入

你是一家高级餐厅的侍酒师，今天晚上你接待了一对新婚夫妇。他们选择了一瓶精选的红葡萄酒来搭配他们的浪漫晚餐。在餐厅的柔和灯光下，你为这对夫妇倒上了红葡萄酒，想通过葡萄酒的味觉特点来引导他们品鉴体验。这瓶葡萄酒有着浓郁的黑樱桃和巧克力的味道，伴随着柔和的橡木香，你将为这对夫妇介绍这款葡萄酒的口感特征。作为专业的侍酒师，你的任务不仅是为顾客提供出色的葡萄酒，还要确保他们在品尝时获得最佳的味觉体验。

通过本任务的学习，我们将了解如何辨别和描述葡萄酒的味觉特征，以确保每次品鉴都是一次愉悦的经历。

知识精讲

一、人的四种基本味觉

过去有一种广泛流传的观念，认为不同味觉在舌头上有明确定位的区域，但这一观点已经被科学研究否定。事实上，不同的味觉受体散布在舌头的各个部位，而且我们可以感知所有的基本味觉，不仅仅局限于特定区域。例如：

（1）咸味。咸味是由钠离子和氯离子的存在引起的。这种味道通常与盐分有关，是味蕾对食物中的盐的感知。咸味的感知一般分布在舌尖的前部。

（2）酸味。酸味通常与酸性物质（通常是氢离子的浓度）相关。酸味可以由柑橘类水果、醋、柠檬汁等酸性食物和饮料引起。酸味的感知通常分布在舌头的侧面，但不限于特定区域。

（3）甜味。甜味通常与糖和碳水化合物的存在有关。这种味道是味蕾对食物中的糖分的感知，如蔗糖、葡萄糖和蔬菜中的天然糖。甜味的感知分布在舌头前部的中央区域。

（4）苦味。苦味通常与多种化合物相关，包括咖啡因、多酚类物质、某些草药和一些蔬菜。苦味通常被视为一种防御性机制，用于辨别潜在的有毒或不适合食用的物质。苦味的感知通常分布在舌根处，但同样也可分布在整个舌面。

需要强调的是，味觉感知是复杂的，受到嗅觉和其他感官感知的影响，以及个体的差异。舌头上的不同区域都包含多种味觉受体，允许我们感知各种味道。此外，味觉感知通常涉及味蕾与大脑之间的复杂交互作用。

因此，尽管有一些特定的区域可能倾向于更强烈地感知某些味觉，但总体而言，舌头上的味觉感知是整体而统一的，不仅限于特定的区域。

二、葡萄酒口感的品鉴维度

（一）甜度：干型/半干型/半甜型/甜型

葡萄酒中的甜味物质是构成柔和、肥硕和圆润等感官特征的要素。葡萄酒中的甜味物质有两大类：一类是糖，主要是葡萄糖、果糖、阿拉伯糖、木糖等，它们存在于葡萄浆果中，存在于半干至甜型葡萄酒中，也有少量存在于干型葡萄酒中；另一类是包括酒精在内的醇类和甘油等，如乙醇、甘油、丁二醇、肌醇、山梨醇等，它们是在酒精发酵过程中形成的。

通过味觉来判断葡萄酒的甜度通常需要注意酒中的残糖和酸度。以下是一些识别甜度类型的方法：

1. 观察残糖和酒体

（1）干型葡萄酒。国标规定含糖量小于或等于 4g/L 的葡萄酒为干型葡萄酒。通常口感干燥，没有明显的甜味。

（2）半干型葡萄酒。国标规定含糖量大于 4g/L、最高为 12g/L 的葡萄酒为半干型葡萄酒。半干型葡萄酒可能具有轻微的甜感，但总体上呈现相对较干的口感。

（3）半甜型葡萄酒。国标规定含糖量大于 12g/L、最高为 45g/L 的葡萄酒为半甜型葡萄酒。半甜型葡萄酒具有明显的甜感，但甜度不如甜型葡萄酒那么浓烈。

（4）甜型葡萄酒。国标规定含糖量大于 45g/L 的葡萄酒为甜型葡萄酒。甜型葡萄酒具有浓烈的甜感，口感甜美。

2. 体验口感

（1）干型葡萄酒通常口感清新、干燥，不留甜味。

（2）半干型葡萄酒可能口感较干燥，但略带一些甜感。

（3）半甜型葡萄酒具有明显的甜感，口感较甜。

（4）甜型葡萄酒口感非常甜蜜，带有浓烈的甜味。

（二）酸度：低/中/高

通过味觉判断葡萄酒的酸度需要细致地品尝和培养味觉感知能力。以下是一些帮助判断葡萄酒酸度的方法：

（1）酸味的尖锐性。高酸度的葡萄酒通常会在口中产生类似于柠檬酸或苹果酸之类的尖锐、清新的酸味。这种酸味通常感觉鲜明而强烈。

（2）口腔的清新感。高酸度葡萄酒通常会在口腔内产生一种清新的感觉，就像一股清流流过口腔一般。这种清新感觉可以延续在口中，给人一种口感明亮的感觉。

（3）唾液分泌。高酸度的葡萄酒可能会刺激口腔中的唾液腺，导致唾液分泌增加。如果在品尝葡萄酒后感到唾液分泌增多，很可能是高酸度葡萄酒留下的印记。

（4）酸味与果味的平衡。酸味通常与葡萄酒的果味平衡在一起。高酸度的葡萄酒通常会与酸味相得益彰，而低酸度的葡萄酒可能呈现出较圆润和成熟的口感。

（三）单宁：低/中/高

单宁来自葡萄皮和种子、橡木桶的陈酿。单宁会与口腔中的蛋白质结合，产生一种颗粒磨砂和褶皱感，也就是涩味。单宁的含量越高，涩味也越重。但是经过了橡木桶陈酿后，单宁会聚合到一起，使口感变得柔顺。

（四）酒精度：低/中/高

葡萄酒的酒精度通常以酒精体积百分比表示。以下是一般的判断标准，用来描述葡萄酒酒精度的低、中、高。

（1）低酒精度：酒精度低于 11% vol。这些葡萄酒通常是轻松饮用的，口感清新，适合作为轻型餐前酒或热天的饮品。一些起泡酒也属于低酒精度范围。

（2）中酒精度：酒精度为 11% vol ～ 14% vol。这个范围内包括大多数白葡萄酒、红葡萄酒、桃红葡萄酒等。这些葡萄酒通常口感平衡，有适中的酒精感，适合各种场合，包括搭配餐点。

（3）高酒精度：酒精度在 14% vol 以上。这包括一些浓缩型葡萄酒、加强葡萄酒。高酒精度的葡萄酒通常有浓烈的酒精感和口感，需要更多的品尝技巧。

需要强调的是，酒精度不是葡萄酒品质的唯一标志，品质还受到葡萄种类、酿造技术、年份和其他因素的影响。因此，在品尝葡萄酒时，要考虑酒精度以及葡萄酒的口感、风味和平衡。同时，个人的酒精耐受度也会影响其对酒精度的感知，因此要根据自己的体验来评估葡萄酒的酒精度。

（五）酒体

葡萄酒的酒体通常描述了它的口感和质地，而不是酒精度。酒体的划分通常由以下几个方面决定：

（1）口感。葡萄酒的酒体通常与其口感有关。低酒体的葡萄酒口感较轻，清新、不沉重，通常被认为是易饮用的。高酒体的葡萄酒则口感更加浓烈、厚重，通常具有更多的复杂性。

（2）酸度。高酸度的葡萄酒通常会使酒体感觉更加轻盈和清新，而低酸度的葡萄酒可能会感觉更加圆润和浓郁。因此，酸度是影响酒体感觉的因素之一。

（3）酒精度。高酒精度的葡萄酒通常会感觉更加温暖和沉重，而低酒精度的葡萄酒则可能更加清新和轻盈。酒精度也可以对酒体产生影响。

（4）单宁。单宁是一种存在于红葡萄酒中的物质，可以影响酒的酒体。高单宁的葡萄酒通常会感觉更加干燥、收敛和结实，而低单宁的葡萄酒则可能更加柔和和丰满。

品鉴者通常可以从以下几个方面对葡萄酒的酒体进行判断：

第一，视觉。观察葡萄酒的颜色和黏稠度。深色、浓稠的葡萄酒通常拥有较高的酒体。

第二，嗅闻。闻香气时，留意葡萄酒的香气复杂性和强度。香气浓烈且复杂的葡萄酒通常具有较高的酒体。

第三，品尝。在口中品尝葡萄酒，注意其口感和质地，确认口感是浓烈、沉重还是轻盈。

第四，余味。留意葡萄酒的余味持续时间。高酒体的葡萄酒通常有更长的余味。

判断葡萄酒的酒体需要综合考虑多个感知因素，包括口感、酸度、酒精度、单宁和香气复杂性，从而更好地描述葡萄酒的整体品质和特征。

（六）味道特征

葡萄酒的香气特征和味道特征之间有密切的关系，它们共同构成了葡萄酒的感知体验。以下是它们之间的关系。

1. 香气预示味道

葡萄酒的香气通常可以预示其味道特征。例如：如果葡萄酒散发出浆果和樱桃的香气，通常味道中也会有相似的果味。这样，品酒师和葡萄酒爱好者便可以根据香气来预期品尝的体验。

2. 香气复杂性与味道复杂性

葡萄酒的香气复杂性通常反映在味道复杂性上。如果葡萄酒在香气中具有多样的香气元素，如水果、香料、烟草、香草等，那么味道中也可能具有类似的多样性和深度。

3. 味道是香气的延续

葡萄酒的余味（或酒尾）通常延续了香气的元素。持久的余味可以使品尝者在饮后继续感受香气特征，从而丰富了葡萄酒的感官体验。

4. 酸度与清新感

葡萄酒的酸度在香气和味道中都发挥了重要作用。高酸度的葡萄酒通常感觉清新，这种感觉可以从香气中体现出来（如柠檬或绿苹果的香气），并在口感中延续。

5. 单宁与口感

红葡萄酒中的单宁物质在香气和味道中都扮演着重要角色。高单宁的葡萄酒通常感觉干燥和收敛，这种感觉可以在味道中体验到（如干果味）。

葡萄酒的香气特征和味道特征相互关联，共同构成了葡萄酒的感知体验。对于品酒师和葡萄酒爱好者来说，了解这些关系可以帮助他们更深入地理解和描述葡萄酒的风味和复杂性。

（七）余味长度

葡萄酒的余味长度分为短、中、长三种。

1. 短余味

短余味意味着葡萄酒在口中的味道和感觉很快就消失了，通常在品尝后几秒内消退。这可能是因为葡萄酒的酒体较轻，口感不浓烈，或者酒的结构不够复杂。短余味的葡萄酒通常口感清新，不经久留存。

2. 中余味

中余味的葡萄酒在口中的味道和感觉可以在品尝后的 10 ～ 30 秒内持续存在。这通常是因为葡萄酒具有较浓烈的味道和更复杂的结构，让味道在口中留存更长时间。

3. 长余味

长余味的葡萄酒在口中的味道和感觉可以持续 30 秒以上，甚至更久。这种长余味通常是由于葡萄酒具有非常浓烈的风味、高度复杂的结构，以及潜在的高酒精度。长余味的葡萄酒通常被认为是高品质的，因为它们可以提供持久的感官享受。

技能实训

实训 1：味觉感知训练

盲品不同食物和调味品的味道，学会识别和描述甜、咸、酸、苦等基本味道。

实训 2：葡萄酒味道示范

请一位专业侍酒师或葡萄酒专家前来，为学生示范不同葡萄酒的味道。这可能包括各种类型的葡萄酒，如白葡萄酒、红葡萄酒、起泡酒等。学生将学习如何辨识葡萄酒中的水果、香料、橡木和其他复杂的味道。

实训 3：品酒笔记与讨论

品尝几款葡萄酒，并撰写品酒笔记，重点描述味觉感受。将品酒笔记与同学分享，讨论每款葡萄酒的特点和风味。

反馈评价

评价内容	评价标准	自评	互评	师评
出勤 10%	按时出勤，未有无故迟到、早退、旷课现象。			
课堂学习 10%	积极投入理论学习，踊跃参与课堂互动。			
实训 1 味觉感知训练 20%	葡萄酒品尝技巧：能够使用专业术语对葡萄酒的味觉方面做出描述。			
	品鉴表达能力：在口头表达中，能够使用专业术语和形容词流畅、自信地描述品鉴感受。在书面表达中，能够以清晰、连贯的方式传达品鉴观点。			
	品鉴准确性：品鉴评价能够准确反映葡萄酒味道的特点。			
	专业素养：实训过程中，表现出专业的态度、独立思考和对葡萄酒领域的热情。			
实训 2 葡萄酒味道示范 20%	葡萄酒品尝技巧：能够尝试使用专业术语对葡萄酒的味觉方面做出评价。			
	品鉴笔记：能够尝试从味觉方面记录葡萄酒的品鉴体验；笔记清晰、有条理。			
	品鉴表达能力：在口头表达中，能够使用专业术语和形容词流畅、自信地描述品鉴感受。			
	品鉴准确性：品鉴评价能够准确反映葡萄酒的特点。			
	专业素养：实训过程中，表现出专业的态度、独立思考和对葡萄酒领域的热情。			

续表

评价内容	评价标准	自评	互评	师评
实训 3 品酒笔记 与讨论 40%	葡萄酒品尝技巧：能够尝试使用专业术语对葡萄酒的视觉、嗅觉和味觉等方面做出评价。			
	品鉴笔记：能够详细记录葡萄酒的品鉴笔记（包括视觉、嗅觉、味觉和总结等）；笔记准确、清晰、有条理。			
	品鉴表达能力：在口头表达中，能够使用专业术语和形容词流畅、自信地描述品鉴感受。在书面表达中，能够以清晰、连贯的方式传达品鉴观点。			
	品鉴准确性：品鉴评价能够准确反映葡萄酒的特点。			
	专业素养：实训过程中，表现出专业的态度、独立思考和对葡萄酒领域的热情。			

任务五　品酒辞的撰写

情境导入

你是一家高级餐厅的侍酒师。一位顾客刚刚点了一瓶十分昂贵的陈年红葡萄酒，因为今天对于顾客而言是个重要的日子。葡萄酒在杯中旋转，散发出令人陶醉的香气。顾客端起酒杯，准备品尝。你的任务是在顾客享受葡萄酒的同时为这款葡萄酒撰写一份令人印象深刻的品酒辞，为客人留下纪念。

这份品酒辞不仅会成为顾客与这款葡萄酒的独特纪念，还将帮助顾客更好地理解葡萄酒的品质和价值。对于消费者或葡萄酒爱好者来说，品酒辞是一扇窗户，让他们透过文字感知葡萄酒的世界，提升品鉴体验感。对于葡萄酒电商平台运营者和葡萄酒报刊编辑而言，精心撰写的品酒辞可以吸引更多的消费者，促进葡萄酒的销售。此外，品酒辞还可以为葡萄酒评价和鉴赏提供有力的参考，有助于推动葡萄酒行业的发展和传播葡萄酒文化。

在本任务中，我们将学习如何撰写品酒辞，以及如何识别和描述葡萄酒的各种特征，以便更好地服务于消费者和葡萄酒行业。

知识精讲

一、葡萄酒的评价与品酒辞

品酒辞是一种文字描述，旨在传达葡萄酒的外观、气味、味道和口感等特征，以帮助消费者更好地了解葡萄酒。通常，品酒辞包括以下几个部分：

（1）外观描述。这一部分描述了葡萄酒的外观特征，包括颜色、清澈度、色调和黏稠度。如葡萄酒可能被描述为樱桃红色，具有明亮的色调和清澈的外观。

（2）气味描述。这部分描述了葡萄酒的气味和香气。评价者通常会尝试识别出各种香气，如水果香、花香、香料香、橡木香等。如葡萄酒的气味可能包括草莓、香草和烟熏的香气。

（3）味道描述。这一部分描述了葡萄酒的口感和味道特征，包括甜度、酸度、单宁和酒精含量。评价者通常尝试识别出口味的复杂性和平衡性。如葡萄酒可能被描述为干燥的，具有酸味，柔和的单宁和中等的酒精含量。

（4）口感描述。这一部分描述了葡萄酒在口中的触感和结构。评价者可以谈论葡萄酒的口感如何，是轻盈还是浓郁，是柔滑还是粗糙，以及它的余味持续时间有多长。

（5）总结和评价。品酒辞通常包括一个总结性的陈述，对葡萄酒的整体印象和品质进行评价，往往可以帮助消费者决定是否购买该葡萄酒。

（6）酒款状态和陈年潜力。描述葡萄酒的状态和陈年潜力时，需要综合考虑颜色、香气、口感、特征和年份等因素。陈年潜力较大的葡萄酒通常是那些有潜力随时间发展变得更加复杂的葡萄酒。

（7）侍酒建议。相关知识点详见本书“项目九　侍酒服务”。

（8）推荐配餐。相关知识点详见本书“项目八　餐酒搭配”。

二、品酒辞模板

内容	品酒描述及评价
观色	这是一款________（红 / 白 / 桃红）葡萄酒，酒液________（纯净无杂质 / 浑浊有杂质），呈现________色，表明它是一款________（年轻 / 酒龄适中 / 陈年）的葡萄酒。
闻香	整体而言，这款酒的香气________（较淡 / 中等 / 浓郁），有________（一类香气描述）、________（二类香气描述）、________（三类香气描述）等香气。
品味	这是一款________（干型 / 半干型 / 半甜型 / 甜型）葡萄酒，酸度________（低 / 中 / 高），单宁________（低 / 中 / 高）。口中依然能明显感受到________（一类香气描述）、________（二类香气描述）、________（三类香气描述）等味道，酒精度________（低 / 中 / 高），酒体________（轻盈 / 中等 / 饱满），余味________（短 / 中 / 长）。
总结	总体来说，这款葡萄酒的平衡度________（好 / 中等 / 较差），风味集中度________（低 / 中 / 高），余味________（短 / 中 / 长）且________（单一 / 复杂），是一款________（有缺陷 / 差 / 可接受 / 好 / 很好 / 特好）的葡萄酒。
判断酒款状态和陈年潜力	这是一款______________（过于年轻、适合继续陈年 / 目前适饮并有陈年潜力 / 目前适饮但不适宜继续陈年 / 已过适饮期）的葡萄酒。
侍酒建议	建议饮用温度为________℃，________（需要 / 不需要）醒酒。
推荐配餐	可搭配________（前菜 / 主菜 / 甜点，可具体描述菜品的食材、酱汁和烹饪方法等）。

技能实训

学生将扮演不同的角色，如侍酒师、葡萄酒采购顾问、葡萄酒销售、葡萄酒报刊编辑等，共同参与一场模拟品鉴活动。请在下列角色中任选其一完成任务：

任务角色 1：葡萄酒采购顾问

为餐厅或零售店选择一款新的葡萄酒，在品鉴会上运用专业知识评估葡萄酒的质量、特征和适用性，并准备撰写一份采购建议。

任务角色 2：葡萄酒销售

根据客户的需求和口味，向葡萄酒采购顾问推荐合适的葡萄酒，并解释为什么这些葡萄酒是最佳选择。

任务角色 3：酒庄接待

代表酒庄向葡萄酒采购顾问和葡萄酒销售展示他们的葡萄酒，并提供关于酒庄历史和酿造过程的信息。

任务角色 4：葡萄酒报刊编辑

记录这场模拟品鉴会的过程，采访参与者，整理品鉴笔记，准备一篇报道或文章，以分享活动的亮点和对葡萄酒的评价。

任务角色 5：葡萄酒培训师

负责为参与者提供关于葡萄酒品鉴的指导和培训，解释如何评估葡萄酒的外观、气味和味道。

任务角色 6：葡萄酒电商平台运营者

为品鉴活动提供在线支持，包括介绍参与者和顾客如何使用他们的平台来查找和购买这些葡萄酒。

反馈评价

评价内容	评价标准	自评	互评	师评
出勤 20%	按时出勤，未有无故迟到、早退、旷课现象。			
课堂学习 20%	积极投入理论学习，踊跃参与课堂互动。			
实训 1 模拟品鉴活动角色任务 60%	葡萄酒品尝技巧：能够使用专业术语对葡萄酒的视觉、嗅觉和味觉等方面做出评价。			
	品鉴笔记：能够详细记录葡萄酒的品鉴笔记（包括视觉、嗅觉、味觉和总结等）；笔记准确、清晰、有条理。			
	品鉴表达能力：在口头表达中，能够使用专业术语和形容词流畅、自信地描述品鉴感受；在书面表达中，能够以清晰、连贯的方式传达品鉴观点。			
	品鉴准确性：品鉴评价能够准确反映葡萄酒的特点，能够正确识别葡萄酒的品种、产区和风格。			
	专业素养：实训过程中，表现出专业的态度、独立思考和对葡萄酒领域的热情。			
	内容准确性：能够提供葡萄酒相关的准确信息和相关数据。			

续表

评价内容	评价标准	自评	互评	师评
实训 1 模拟品鉴活动角色任务 60%	深度和广度：深入研究了葡萄酒款的多个方面，包括酒瓶、酒标、生产工艺、产地特征、食物搭配等。			
	清晰性和逻辑性：展示结构清晰，逻辑严谨，易于理解。			
	引用和来源：能够引用可信的资料来支持其研究；提供了参考文献或引用来源。			
	吸引力和兴趣：能够使用生动的例子、图片或多媒体元素引起听众或读者的兴趣。			
	反馈和互动：口头展示时能够回应听众的问题和反馈，与听众互动，并展现对听众的关注和尊重。			

项目小结

本项目的学习中，我们深入探讨了葡萄酒的品评与鉴赏，这是成为葡萄酒专家或鉴赏家所必需的重要技能。多种实践活动和练习帮助大家建立了较为全面的葡萄酒鉴赏体系和知识框架。本项目的主要内容总结如下：

第一，品鉴前的准备。品鉴前的必要准备工作，包括选择合适的酒杯、准备白纸和笔用于撰写品鉴笔记、了解环境设置和温度控制的重要性。这些准备工作对于葡萄酒的准确品评至关重要。

第二，视觉鉴赏。通过观察酒瓶、酒标、酒杯和葡萄酒的颜色，获取关于葡萄酒的信息，有助于我们初步了解葡萄酒的特点和品质。

第三，嗅觉鉴赏。嗅觉是葡萄酒品鉴中至关重要的一部分，通过香气识别和香气描述练习，提高对葡萄酒香气的感知和描述能力，有助于我们辨别葡萄酒中的复杂香气，更好地理解葡萄酒的特征。

第四，味觉鉴赏。味觉感知是品尝葡萄酒的核心。通过味觉感知训练，提高对口感和味道的认知。通过品尝不同类型的葡萄酒，更好地理解口感的多样性和葡萄酒的口味特点。

第五，品酒辞的撰写。通过适当的语言来描述葡萄酒的外观、香气、口感和整体特征。品酒辞不仅是对葡萄酒进行评价的重要工具，还有助于与他人分享我们的品酒体验。

本项目的实训练习中，我们通过感官训练、策划葡萄酒品鉴推介会、设计葡萄酒电商平台和推文、在品鉴活动中扮演角色等实训，将上述知识和技能付诸实践，从而在葡萄酒领域获得更多的专业知识和技能，同时培养感知能力、专业素养和沟通能力。这些技能不仅对葡萄酒爱好者有益，对从事相关职业的人员也具有重要价值。

知识园地·中国故事

2023 IWSC 中国葡萄酒斩获 175 枚奖牌

近日，IWSC 国际葡萄酒烈酒大赛最新发布了 2023 年度奖项评选结果，一系列年轻有活力的中国葡萄酒突出重围，在比赛中取得亮眼成绩。中国葡萄酒这次一共获得了 175 个奖牌，包括 36 个银牌、139 个铜牌，相较 2022 年奖牌数整体增加了 31%。

本次大赛在伦敦举办，《中国葡萄酒的复兴》一书作者 Janet Wang 在亚洲组担任评审。IWSC 评审们有条不紊地品鉴陈列在他们面前的每个杯子，以确保公平公正。IWSC 评审团由来自葡萄酒行业各领域的专家以及意见领袖组成，有买手、进口商、经销商、专业酿酒师、侍酒师等。

IWSC 葡萄酒评审委员会成员——葡萄酒大师莎拉·艾伯特（Sarah Abbott）负责监督今年的中国葡萄酒品鉴。艾伯特注意到来自中国的葡萄酒发生了质的变化，称赞它们整体的品质水准非常高，并评价道："前几年，来自中国的红葡萄酒获得了相当多的铜牌，许多葡萄酒作品在风格上非常相似，饱满浓烈，果香浓郁。但今年入围的葡萄酒表现出真正的优雅和平衡，全方位地展示了葡萄酒的多样性和精致度。"

相比前几年，今年的参赛酒款取得了更优异的成绩。今年共有 36 款葡萄酒获得 90 分及以上的高分，来自中国宁夏的银色高地酒庄家族珍藏霞多丽干白葡萄酒以 94 分的高分位居中国入围葡萄酒品牌第一。获得 93 分的共有五款酒，分别来自新疆、山东、河北等地，每一款都别具匠心。

参赛作品来自 10 个地区的 22 个不同的葡萄品种，主要位于宁夏、新疆和山东。在今年的比赛中，我们还看到了仙粉黛、雷司令和维欧尼等新兴品种。有几个葡萄品种在评审面前脱颖而出，其中，以马瑟兰为主要品种酿制的葡萄酒惊艳全场。此外，由西拉、赤霞珠和小味儿多酿制而成的葡萄酒也十分抢眼。

项目五 风味品鉴之常见的酿酒葡萄

项目导学

项目导语

- 葡萄酒的品质和风味与葡萄品种密不可分，而葡萄生长所处的自然环境也深深地影响着葡萄酒的品质和风味。“中国第一瓶干白”和“中国第一瓶干红”葡萄酒的缔造者、素有“中国葡萄酒泰斗”之称的郭其昌先生曾认为，葡萄酒质量的好坏先天在于葡萄，后天在于工艺。
- 本项目的学习中，我们将逐渐洞察到葡萄与自然环境的紧密互动，以及不同品种的葡萄如何呈现出不同的口感和香气。我们将探讨气候、土壤、栽培方式等自然因素如何塑造葡萄品质，深入了解主要的红白葡萄品种，从香气和口感入手，认识它们的特点和适用场合，以及在中国葡萄酒产区的种植情况，以便在葡萄酒营销或旅游的过程中更好地理解和欣赏葡萄园的风光。

知识目标

- 了解影响葡萄品质的自然因素，包括气候、土壤和栽培方式。
- 掌握主要的白葡萄品种，包括其特征、产区和适用风格。
- 掌握主要的红葡萄品种，包括其特征、产区和适用风格。
- 了解这些常见的酿酒葡萄品种在中国产区的种植情况。

能力目标

- 能够通过品鉴分辨不同葡萄品种的特征和风味。
- 能够根据葡萄的产区和栽培方式解释葡萄酒的风格和特点。
- 能够为不同葡萄品种的葡萄酒提供专业的侍酒建议和品鉴评价。

素养目标

- 通过介绍不同的葡萄品种和产区，学会尊重文化的多样性，了解不同文化和地域的特点，增进跨文化的理解。
- 通过对葡萄酒品种及其环境的探索，培养对知识的探究精神，在学习中追求卓越，提高专业素养。

任务一　影响葡萄品质的自然因素

情境导入

品尝一杯葡萄酒时，你是否思考过它是如何由一颗小小的葡萄粒变成杯中酒的？当我们走到一片葡萄藤旁，仔细观察葡萄的颗粒时会发现，每行葡萄藤上的果实都不相同。当我们到酒窖中品鉴时，喝着不同年份的葡萄酒，会发现无论是单酿还是混酿，似乎都能感受到葡萄生长那一年的雨水和阳光，也似乎能回忆起葡萄长在藤上的模样。大自然赋予每个产区不同的气候、土壤和光照条件，从而影响了葡萄的成长和品质。喝着杯中酒，眼前浮现当年的葡萄园景，岂不美哉！

通过本任务的学习，我们将深入探寻葡萄酒的起点，领略大自然与葡萄酒之间奇妙的互动。让我们一起踏上这段有关自然与葡萄酒的探索之旅，领略葡萄酒的魅力吧！

知识精讲

酿酒葡萄的品质与葡萄酒最终的品质和特性息息相关，如葡萄的成熟度、糖分含量、酸度水平以及葡萄皮的颜色都对葡萄酒的口感、风味和颜色有直接影响。不同种类的酿酒葡萄具有独特的香气和香味特征，这些特征将在葡萄酒中显现。同时，葡萄中的单宁和酸度水平对葡萄酒的结构和平衡也至关重要。此外，葡萄的产地和生长地的土壤特性也会赋予葡萄酒独特的风格。因此，酿酒葡萄的质量是葡萄酒品质的基础，决定了葡萄酒的口感、风味和特点。

影响葡萄品质的因素众多而复杂。多数情况下，影响葡萄品质的自然因素包括但不限于葡萄品种、土壤结构、气候环境、纬度和海拔、山坡朝向及坡度、自然水系、温度、湿度、光照等。其中，土壤结构和成分、纬度和海拔、坡度、朝向及水源等是影响葡萄品质的地质因素；葡萄生长期的温度、湿度、光照和降水量等是影响葡萄品质的气候因素。从学科细分角度而言，这些条件均有指标要求，如全年平均温度和湿度、年或月度平均降雨量、无霜期、日照时间及太阳总辐射量等。

一、影响葡萄品质的地质因素

（一）土壤结构和成分

土壤是供给葡萄果实生长过程中所需一切营养物质的来源，也是影响葡萄品质和果实成分结构的重要因素之一。

不同类型的土壤需要在不同的气候条件下才能够充分发挥其特性。适宜酿酒葡萄生长的地质是三叠纪、侏罗纪和白垩纪地层的土壤，如白垩土、沙质土、石灰岩、花岗岩、砂岩、黏土等。以上土质结构松散，排水性及渗透性好，易于葡萄扎根，强大的根系可从地底深处为葡萄果实输送所需养分。此外，远古地质含有丰富的矿物质及微量元素，如氮、磷、钾、钙、镁、铁等，这些成分可赋予葡萄酒复杂的口感和香气。此外，以上土壤类型在白天可以更好地凝聚太阳的热量，到夜间再释放出来，这对促进葡萄成熟十分有利。

（二）纬度和海拔

世界上 90% 的葡萄园分布在北纬 30° ～ 52° 及南纬 23° ～ 43° 。由于受地球陆地分布影响，大部分葡萄园坐落在北半球的沿海地带，葡萄园的海拔在 100 ～ 400 米，理想的海拔高度在 200 ～ 300 米。纬度和海拔不仅会影响葡萄园的温度和湿度，还会影响日照时间和光合作用。理论上，在北半球，纬度每增加 1° ，年平均气温降低 0.7℃。若温度过低，则不利于葡萄成熟；若温度过高，则糖分又会过高。

（三）山坡朝向及坡度

山坡朝向及坡度对葡萄的生长同样重要，通常拥有不同坡度和朝向的葡萄园，在温度、湿度和日照上有着明显的差异。在北半球，理想的朝向是能够吸收清晨第一缕阳光的东南方或正南方，坡度以 15° ～ 45° 为宜。向阳山坡受阳光照射时间较长，气温相对较高，温和的气候有利于葡萄生长。到了冬季，还可降低寒冷气候的侵害。然而，坡度越大，水土流失越严重，并且容易受到季风侵袭。

（四）自然水系

海洋、湖泊和河流等自然水系是理想酿酒葡萄种植区必不可少的先决条件，具备这种条件的葡萄园通常都拥有局部小气候特征。理论上，水和土壤的热量吸收特性不同，水面在白天吸收太阳辐射能量平均值比陆地高 10% ～ 50%。到了夜间，水面和地面所吸收的热量都会释放出来，从而调节了周围的温度和湿度。

二、影响葡萄品质的气候因素

（一）温度

不同的葡萄品种成熟所需的有效积温不同，一般来说，晚熟的品种需要种植在相对温暖的地区，才可以让葡萄达到较好的成熟度；而早熟品种往往种植在相对凉爽的地区，较高的气温会导致葡萄含糖量过高，而有机酸会过低，从而导致所酿制的葡萄酒平淡无味、缺少复杂度与层次感，且酒体的平衡性不好。

（二）湿度

频繁的降雨会使葡萄的生长环境湿度过大，导致各种葡萄真菌病害（比如：霜霉病）的发生，这类病害也会通过影响叶面的光合作用、破坏果实正常发育等方式造成葡萄品质受损。

（三）光照

对葡萄来说，阳光是葡萄叶片通过光合作用合成代谢所必需的能量来源，在整个葡萄的生长季节，光照是必要条件。红葡萄酒的颜色和单宁主要来自葡萄表皮，光照有助于葡萄表皮色素和单宁物质的合成、积累与熟化。所以，在葡萄的成熟后期，在气温、降雨等条件合适的情况下，阳光是否充足是影响葡萄酒品质的关键因素。

（四）降水量

不同生长时期，葡萄需水量都不同。葡萄发芽前后期及生理生长时期，叶子成长需要充足的水分；但是到了开花期就不需要过多水分，水分过多会影响葡萄开花和结果；葡萄进入成熟状态（转色期）直到采收期，更多需要的是阳光和干燥的环境，反而要控水。

技能实训

实训 1：品鉴

（1）品鉴不同产酒国的酒款，描述其外观、香气、口感和风味等方面特征，撰写品酒辞，并对葡萄酒的品质做出评价；在此基础上，尝试分析孕育每款葡萄酒的自然环境。

（2）品鉴同一酒庄不同年份（雨水、光照差异较大的年份）的酒款，从外观、香气、口感和风味等方面谈一谈这几款葡萄酒的差异。

实训 2：挑选葡萄酒供应商

你是一位葡萄酒专业人士，负责为一家高端餐厅或葡萄酒电商平台挑选葡萄酒供应商。你需要深入了解葡萄品质和产区的关系，以确保所选的供应商符合目标市场消费者的口味和期望。请组建团队，以小组为单位完成以下任务：

（1）产区调查：请选择两个不同的葡萄酒产区，如宁夏贺兰山和山东蓬莱，调查这两个产区的气候、土壤类型、降水量、栽培技术等方面，并尝试推断这些因素对葡萄的生长和葡萄酒风格的影响。

（2）葡萄酒品尝与评价：请品尝来自这两个产区的同一葡萄品种，并对其进行详细的品鉴并撰写品酒辞，从口感、香气、余味等方面尝试确定其与产区相关的特征。

（3）供应商选择：请根据上述的分析和品鉴结果，为餐厅或葡萄酒电商平台选择适合的供应商，并撰写一份详细的供应商推荐报告并在班级展示。

反馈评价

评价内容	评价标准	自评	互评	师评
出勤 10%	按时出勤，未有无故迟到、早退、旷课现象。			
课堂学习 10%	积极投入理论学习，踊跃参与课堂互动。			
实训 1 品鉴 40%	葡萄酒品尝技巧：能够使用专业术语对葡萄酒的视觉、嗅觉和味觉等方面做出评价。			
	品鉴笔记：能够详细撰写葡萄酒的品鉴笔记（包括视觉、嗅觉、味觉和总结等）；笔记准确、清晰、有条理。			
	品鉴表达能力：在口头表达中，能够使用专业术语和形容词流畅、自信地描述品鉴感受。在书面表达中，能够以清晰、连贯的方式传达品鉴观点。			
	品鉴准确性：品鉴评价能够准确反映葡萄酒的特点，能够正确识别葡萄酒的品种、产区和风格。			
	专业素养：实训过程中，表现出专业的态度、独立思考和对葡萄酒领域的热情。			

续表

评价内容	评价标准	自评	互评	师评
实训 2 挑选葡萄酒 供应商 40%	内容准确性：能够提供产区自然环境的准确信息和相关数据。			
	深度和广度：深入研究了两个产区的自然环境，如气候、土壤类型、降水量、栽培技术等。			
	清晰性和逻辑性：展示结构清晰，逻辑严谨，易于理解。			
	引用和来源：能够引用可信的资料来支持其研究；提供了参考文献或引用来源。			
	沟通能力：对于口头展示，表述清晰且能够使用适当的语言和语调。			
	吸引力和兴趣：能够使用生动的例子、图片或多媒体元素引起听众或读者的兴趣。			
	反馈和互动：对于口头展示，能够回应听众的问题和反馈，与听众互动，并展现对听众的关注和尊重。			

任务二　主要的白葡萄品种

情境导入

在精致的餐厅或在家中准备一场特殊的晚宴时，你是否会为葡萄酒的选择而发愁？例如：选择一款白葡萄酒时，酒单上列出了各种各样的白葡萄酒，详情页介绍这些白葡萄酒或是用不同品种的酿酒葡萄酿造的，或是产地不同，但每种都声称有独特的风味。面对众多酒款，你会如何选择呢？

通过本任务的学习，我们一方面可以更好地了解自己对葡萄品种的偏好，同时也能更自信地做出适合的选择。理解每一款白葡萄酒背后的特点和故事，让葡萄酒成为美食体验的亮点。

知识精讲

葡萄属于鼠李目葡萄科葡萄属，葡萄科有 12 属，其中现代酿酒葡萄品种学名为“Vitis Vinifera”，属于欧亚酿酒葡萄原种，全球 99% 的葡萄酒来自酿酒葡萄品种。

随着社会发展，古老的葡萄品种渐渐退出历史舞台，经现代科技改良的新品种日益增多。如今，全球有 8000 多种葡萄，其中能用来酿酒的葡萄约有 1000 种。拥有最多葡萄品种的国家是意大利，常用品种超过 200 种。国际常用并且流行的酿酒葡萄仅 50 多种，按葡萄皮的颜色，可将葡萄品种分为红葡萄和白葡萄。

白葡萄表皮颜色并非白色，呈淡绿或淡黄色，果肉呈苍白色、淡黄色或禾黄色，是酿制白葡萄酒和起泡葡萄酒的主要原料。白葡萄表皮含有丰富的酸类物质和少量的酚类物质，但酿造前会去皮，因此，多数白葡萄酒以简单易饮、清新活泼著称。

下面介绍几种常见的白葡萄品种。

一、霞多丽

英文名称：Chardonnay。

来源：欧亚种，原产于法国勃艮第，遗传分析结果表明，霞多丽是比诺与古爱杂交的后代。

分布：是目前全世界最受欢迎的酿酒葡萄品种，几乎已在全球各产酒区普遍和植。1951 年由匈牙利引入我国，也是我国栽培面积最大的白葡萄品种，目前在我国各产区均有种植。

果穗特征：果穗小到中等大，呈圆柱或圆锥形，有副穗，紧密。果粒小到中，圆形，玛瑙黄色，皮薄，汁多，味甜。

生长特征：萌芽早，长势较旺，产量高；早熟。

葡萄酒特征：是酿造白葡萄酒和起泡葡萄酒的优良品种，具有悦人的果香，醇和润口，平衡，回味好，有独特的风味，有良好的陈酿潜力，酒质优秀。香气馥郁，根据产地不同，主要香气包括苹果、桃、梨、柠檬、黑加仑、桑葚、樱桃、芒果、木瓜、番木瓜、柚子、山楂、香蕉、青杏、槐花、椴树花、橙花、玫瑰、紫罗兰、杏仁、桃仁、榛子、栗子、干果、炒杏仁、炒榛子、糖水橘子、杏仁酱、蕨类植物、鲜草、林下、新木材、忍冬、百合、马鞭草、接骨木、龙涎香、佐料、胡椒、芝麻、肉桂、香草、甘草、薄荷、蘑菇、伞菌、块菌、奶油、蜂蜜、蜜蜡、皮革、面包心、黄油面包、烤面包、硅石、烟草等。

此外，霞多丽也是最适合在橡木桶中酿造或陈酿的白葡萄品种。在温度较高的地区，为了保持酒体的平衡，应当提早采收，其控制指标是浆果的糖酸比。

二、雷司令

英文名称：Riesling。

来源：欧亚种，原产于德国莱茵河上游地区，遗传分析结果表明，其为古爱的后代。

分布：在世界各主要产区都有种植。1892 年首次引入我国，1980 年前后曾多次从西欧引入，目前河北、山东、陕西、河南和新疆等产区有栽培。

果穗特征：果穗小，呈圆柱形，有的带有副穗，果粒排布紧密。浆果小，圆形，黄绿色到金黄色，果皮厚，成熟时果脐明显，味酸甜，有清香。

生长特征：萌芽早到中，长势旺，产量高；中熟。

葡萄酒特征：是白葡萄酒的优良品种，也适于延迟采收，用来做贵腐以及冰酒。其香气包括玫瑰、椴树花、桃、苹果、杏、柚、柠檬、香茅、果脯、佐料、忍冬、薄荷、染料木、麝香、矿物等。

三、长相思

英文名称：Sauvignon Blanc。

来源：欧亚种，原产于法国波尔多。

分布：是优良的白葡萄品种，在全世界各大产区均有种植。1892年由西欧引入，在山东烟台栽培多年，1985年又从法国引入陕西丹凤县，现在辽宁、北京、山东、山西、宁夏、甘肃和陕西等地有栽培。

果穗特征：果穗小，呈圆柱或圆锥形，果粒排布紧密。果粒小到中等大，近圆形；绿黄色到金黄色，果粉少；皮厚；汁多，味酸甜，有玫瑰香味。

生长特征：萌芽中，长势强，产量高；中熟。

葡萄酒特征：是优良的白葡萄品种。酒体醇厚、平衡；果香浓郁、优雅，香气特征包括槐花、鸢尾、玫瑰、橙花、水仙、紫罗兰、柠檬、橙子、柚子、菠萝、黑加仑、芒果、木瓜、苹果、青椒、杏、糖水梨、苦杏仁、黄杨、黑加仑叶、生青、蕨类植物、禾秆、林下、鲜木材、染料木、蘑菇、皮革、蜂蜜、麝香、佐料、茴香、陈皮、薄荷、硅石等。

四、白诗南

英文名称：Chenin Blanc。

来源：欧亚种，原产于法国卢瓦尔河谷的安茄。

分布：是全世界广为种植的优质白色品种，其中南非是世界上种植面积最大的国家，1980年由德国首次引入我国，1985年又从法国引入，现在河北、山东、陕西、新疆等地栽培。

果穗特征：果穗中等大，呈圆锥形或单、双肩圆锥形，果粒排布极紧密。果粒小到中大，近圆或椭圆形，绿黄到金黄色，皮薄，肉软多汁，味酸甜。

生长特征：萌芽早，长势强，产量高；中熟。

葡萄酒特征：果香极佳，酒体丰满，醇厚，酸重，酒质上等，适于陈酿。其香气特征包括桃、梨、苹果、葡萄、山楂、香蕉、木瓜、柠檬、香柠檬、柚子、芒果、海枣、苦杏仁、榛子、核桃、可可、杏干、无花果干、果脯、糖水梨、炒杏仁、槐花、黄菊、玫瑰、佐料、肉桂、忍冬、丁香、薄荷、甘草、马鞭草、块菌、茶叶、新木材、染料木、蜂蜜、麝香、矿物等。

五、赛美蓉

英文名称：Semillon。

来源：欧亚种，原产于法国波尔多。

分布：是优质的白葡萄品种，在全世界各大产区均有栽培。1980年由德国引入我国，1985年又从法国引入，目前在我国主要产区均有种植。

果穗特征：果穗中等大，呈圆锥形，有副穗，紧密。果粒中等大，圆形，皮厚，金黄色，肉软多汁，略带麝香味。

生长特征：树势中等；产量中等或较高，抗病性中等；中熟。

葡萄酒特征：适于酿造干白和甜型葡萄酒，酒体醇厚，适于陈酿。香气馥郁，包括百合、青苹果、鲜核桃、炒杏仁、炒榛子、当归、肉桂、黄油、蜂蜜、麝香、香草等。

除上述品种外，在我国栽培的白色酿酒葡萄品种还有白皮诺、维欧尼、小白玫瑰、威代尔、贵人香、小芒森、阿里高特、白福尔、鸽笼白等引进品种和我国的龙眼等品种。

技能实训

［课堂总结］

请将上述 5 种白葡萄品种的特征总结至下表。

	霞多丽	雷司令	长相思	白诗南	赛美蓉
分布					
来源					
果穗特征					
生长特征					
葡萄酒特征					

实训 1：品鉴

品鉴五款主要白葡萄品种的代表酒款，描述其外观、香气、口感和风味等特征并撰写品酒辞，并对葡萄酒的品质做出评价。

实训 2：品鉴工作坊

请以小组为单位，完成以下任务：

请以侍酒师的身份，为班级提供一次专业的品鉴体验。你需要详细介绍实训 1 品鉴环节中每个白葡萄品种的特点，包括它们的起源、栽培地区、风味特点、酒体和潜在的食物搭配，并在班级展示。

反馈评价

评价内容	评价标准	自评	互评	师评
出勤 10%	按时出勤，未有无故迟到、早退、旷课现象。			
课堂学习 10%	积极投入理论学习，踊跃参与课堂互动。			
实训 1 课堂总结 20%	能够准确总结前文 5 个白葡萄品种的特点。			
实训 2 品鉴 30%	葡萄酒品尝技巧：能够使用专业术语对葡萄酒的视觉、嗅觉和味觉等做出评价。			
	品鉴笔记：能够详细记录葡萄酒的品鉴笔记（包括视觉、嗅觉、味觉和总结等）；笔记准确、清晰、有条理。			
	品鉴表达能力：在口头表达中，能够使用专业术语和形容词流畅、自信地描述品鉴感受。在书面表达中，能够以清晰、连贯的方式传达品鉴观点。			

续表

评价内容	评价标准	自评	互评	师评
实训 2 品鉴 30%	品鉴准确性：品鉴评价能够准确反映葡萄酒的特点，能够尝试识别葡萄酒的品种、产区和风格。			
	专业素养：实训过程中，表现出专业的态度、独立思考和对葡萄酒领域的热情。			
实训 3 品鉴工作坊 30%	内容准确性：能够提供准确的白葡萄品种信息和相关数据。			
	深度和广度：深入研究了白葡萄品种的多个方面，包括历史、传统、食物搭配、艺术和文学等。			
	清晰性和逻辑性：展示结构清晰，逻辑严谨，易于理解。			
	引用和来源：能够引用可信的资料支持其研究；提供了参考文献或引用来源。			
	沟通能力：在口头展示中，表述清晰且能够使用适当的语言和语调；在书面表达中，体现出良好的写作技巧，包括语法准确、拼写规范和文风有特色。			
	吸引力和兴趣：能够使用生动的例子、图片或多媒体元素引起听众或读者的兴趣。			
	反馈和互动：在口头展示中，能够回应听众的问题和反馈，与听众互动，并展现对听众的关注和尊重。			

任务三　主要的红葡萄品种

情境导入

你是一名葡萄酒侍酒师，正计划举办一场葡萄酒品鉴活动，以介绍红葡萄酒的多样性。你希望向参与者展示不同红葡萄品种的独特之处，以及它们在不同的葡萄酒产地中的表现。你将选择 5 种主要的红葡萄品种，每种都代表着不同的葡萄酒产区和风味。通过深入研究这些品种，了解它们的特点、风味、酒体和餐饮搭配的可能性。通过品尝和分析这些葡萄酒，准备一场引人入胜的品鉴活动，让参与者领略红葡萄酒的奇妙世界。

通过本任务的学习，你将更好地理解红葡萄品种的多样性和复杂性，同时也将增加对葡萄酒的鉴赏能力。

知识精讲

红葡萄表皮呈黑色、墨蓝色、紫红色或深红色，大多数果肉呈白色，只有极少数红葡萄的果肉有颜色。因此，红葡萄不但能酿造红葡萄酒、桃红葡萄酒，榨汁去皮后还可酿造白葡萄酒和起泡葡萄酒。红葡萄表皮含有丰富的色素、酚类物质和呈香物质，酿造的酒通常相比白葡萄酒更为浓郁复杂。

一、赤霞珠

英文名称：Cabernet Sauvignon。

来源：原产于法国波尔多。欧亚种，是品丽珠和长相思的自然杂交后代。

分布：是全世界分布最广的品种，在各产区均有种植。于 1892 年首次引入我国山东烟台，20 世纪 90 年代大量引进，目前在河北、新疆、宁夏、山东、甘肃、四川等十几个省（区）种植，栽培面积已超过 2 万公顷，已成为我国分布最广、种植面积最大的酿酒葡萄品种。

果穗特征：果粒小，圆形，硬而脆，果粉厚，蓝黑色；果皮厚，肉软多汁，有涩味和该品种特殊的味感（淡青草味）。

生长特征：树式直立，长势中等至旺盛。萌芽迟，比梅洛和品丽珠晚 8 ～ 10 天。中熟，比佳美晚 2 ～ 4 周，比梅洛和品丽珠晚 1 周左右。产量高，适于排水良好的砾质土种植。

葡萄酒特征：单宁结构强，色深，适于陈酿，常与梅洛、品丽珠等勾兑为多品种葡萄酒。陈酿单品种葡萄酒酒体有时会欠丰满和圆润。香气馥郁，以成熟黑加仑果香为主，带有黑加仑叶片、蕨类植物、青椒、成熟浆果、巧克力、烟熏、甘草、林下、烟叶、块菌、香草、紫罗兰等气味。

二、蛇龙珠

英文名称：Cabernet Gernischt。蛇龙珠与赤霞珠、品丽珠同称为“三珠”。此外，由于外文名称中都含有 Cabernet，因此与赤霞珠、品丽珠一同称为“解百纳”。

来源：原产于法国。欧亚种。我国于 1892 年从西欧引入山东烟台，但是国外有关酿酒葡萄品种的资料都没有该品种的记载。葡萄研究者在我国考察时，对蛇龙珠品种的存在也感到惊讶。我国著名葡萄专家罗国光教授最早对蛇龙珠的身份提出了质疑，并对其品种来源做了细致的研究分析，认为现有的蛇龙珠实际上是经过人工长期选择的品丽珠无性系或生物型，它既不同于赤霞珠，也不同于一般的品丽珠，而是在中国条件下选育出的品丽珠新品系，并稳定地发展为一个品种。尹克林认为蛇龙珠与品丽珠同源，宋来庆、翟衡等通过分子生物学鉴定认为，蛇龙珠与品丽珠的遗传距离相近。最近，宁夏大学王振平博士通过 RAPD 分析方法研究了蛇龙珠、赤霞珠、品丽珠和佳美娜之间的亲缘关系，结果表明：蛇龙珠和佳美娜之间亲缘关系最近，同时他就此问题与法国蒙彼利埃国际高等农业大学葡萄学教授进行了讨论，认为蛇龙珠和法国的佳美娜同源。

分布：在我国山东烟台、青岛，河北昌黎，宁夏等地栽培较多。

果穗特征：果穗中等，呈圆锥形；紫黑色，汁多、味酸甜。

生长特征：植株生长势强，芽眼萌发率高，结实力中，幼树开始结果晚，产量中至高，中熟，比佳美晚 3 周左右，耐瘠薄，抗病、抗旱力较强，适于立架栽培。

葡萄酒特征：呈宝石红色，果香浓，酒体丰满圆润，具有玫瑰香、紫罗兰香、茉莉香、香料辛辣味、矿物味、茴芹香、丁香味、果味等特有香味。

三、品丽珠

英文名称：Cabernet Franc。

来源：原产于法国波尔多。欧亚种，是赤霞珠的母本。

分布：广泛分布于世界主要葡萄酒产区。于 1892 年首次引入我国山东烟台，目前在我国华北、西北和西南等地种植。

果穗特征：果穗中大，呈圆锥形，有时有副穗，中等紧密；果粒小，圆形，果粉厚，蓝黑色；果皮薄，肉多汁，味甜略涩。

生长特征：树式直立，长势比赤霞珠旺盛。萌芽比赤霞珠晚 10 天左右。中熟，比佳美晚 4 周，比赤霞珠早 1 周左右，产量高。品丽珠比赤霞珠略早熟，果穗小，果皮较薄，果汁甜中带有类似赤霞珠的涩感，生长力较强。

葡萄酒特征：结构感强，果香浓郁，色深，但比赤霞珠稍浅，单宁含量也较赤霞珠低，成熟更快，常与梅洛、品丽珠等勾兑为多品种葡萄酒。香气馥郁，以可可、成熟黑加仑果香为主，带有木瓜、草莓、树莓、成熟浆果、青椒、香料、胡椒、蕨类植物、林下、烟叶、紫罗兰等气味。

四、梅洛

英文名称：Merlot。

来源：原产于法国波尔多。欧亚种。近期的遗传分析结果表明，其为黑马德琳与品丽珠的杂交后代。

分布：是世界著名红葡萄品种之一，与赤霞珠一样，在世界各主要产区均有种植，栽培面积较大的国家有法国、意大利、美国、南非、澳大利亚、罗马尼亚等。最早于 1892 年由西欧引入我国山东烟台，目前在我国山东、河北、河南、山西、陕西、宁夏、甘肃、新疆、四川、云南等各产区都有栽培。

果穗特征：果穗中等大，呈圆柱或圆锥形，带副穗，中紧或松散。果粒中等大，圆形，蓝黑色，果粉中厚，果皮中等厚，肉软多汁，味酸甜适口。

生长特征：长势中等；树式直立性较弱，需有架栽培；萌芽比赤霞珠早 10 天左右；中熟，比佳美晚 1 周左右，比赤霞珠早 1 周左右；产量高。

葡萄酒特征：色深，易氧化，成熟快。香气馥郁，带有樱桃、成熟浆果、李子、草莓果酱、佐料、甘草、皮革、动物、块菌、紫罗兰等气味。此外，梅洛是品丽珠的最佳搭档，它可使品丽珠酒体更加细腻、圆润，更为完美地表现出其特征。

五、黑皮诺

英文名称：Pinot Noit，是灰皮诺和白皮诺的姐妹品种。

来源：欧亚种。原产于法国勃艮第，是最古老的品种之一，属西欧品种群。最近的遗传分析表明，约在 2000 年前，黑皮诺就开始在勃艮第地区种植。

分布：遍及世界各主要产区，1936 年最先由日本引入辽宁兴城。在我国华北、黄河故道、西北等地有栽培。

果穗特征：果穗小，呈圆锥形，有的具副穗，紧密或极紧密。果粒中等大，近圆形，紫黑色，果粉中厚；果皮薄，汁多，味酸甜。

生长特征：树势中等，萌芽早，产量高，早熟，与佳美同期成熟。

葡萄酒特征：是很多著名产地葡萄酒的原料品种。根据地区不同，黑皮诺适合酿造干红、干白、桃红、起泡葡萄酒等多种葡萄酒。黑皮诺也是目前香气分析最全面和最复杂的品种。其以独特优雅的香气、精致的单宁等特质闻名于世，包括山楂、香蕉、黑加仑、樱桃、木瓜、海枣、无花果、草莓、树莓、黑醋栗、越橘、桑葚、李子、阿月浑子、成熟水果、甜椒、蔷薇、玫瑰、芍药、茉莉花、紫罗兰、罂粟、欧石楠、可可、咖啡、佐料、肉桂、丁香、香草、胡椒、甘草、木樨草、接骨木、牛肝菌、块菌、蘑菇、巧克力、面包、皮革、草莓酱、果脯、李子干、葡萄干、樱桃核、糖水桃、蕨类植物、腐殖土、松脂、苔藓、林下、湿土、麝香、野味等。该品种对土壤和气候极为挑剔，产量小且不稳定，在宁夏种植面积较少。

六、佳美

英文名称：Gamay。

来源：原产于法国勃艮第。欧亚种。最近的遗传分析结果表明，佳美是黑皮诺和古爱的杂交后代。

分布：主要分布在法国、东欧、加拿大、新西兰等产区。我国于 1957 年从保加利亚引进栽培，目前在华北、华东、西北、西南等产区都有栽培。

果穗特征：嫩梢红褐色，有绒毛。幼叶绿色，叶缘浅红色，绒毛密。成熟叶片中等大小，心形，5 裂，锯齿状。果穗小，呈圆锥形或圆柱形，紧密，有副穗。果粒中等大，着生紧密，紫黑色，近圆形。果皮薄，果肉多汁，味酸甜，无香味。

生长特征：萌芽早。树式较直立，生长势中等，丰产。早熟品种，与沙斯拉同期成熟。

葡萄酒特征：优良红色品种，色深而艳丽。香气浓郁，包括香蕉、苹果、水果糖、可可、黑加仑、越橘、樱桃、草莓、树莓、茉莉花、玫瑰、芍药、紫罗兰、块菌、木樨草、矿物等。

七、西拉 / 设拉子

英文名称：Syrah/Shiraz。

来源：原产于法国罗讷河谷地区。欧亚种。

分布：在世界各主要葡萄酒产区均有栽培。我国在 20 世纪 80 年代引进试栽，现在山东、新疆、宁夏等地种植。

果穗特征：果穗中等偏大，呈圆锥或圆柱形，带歧肩，有副穗。果粒中等偏小，果穗排布较为紧密，呈圆形或椭圆形，蓝黑色。果皮薄，果粉厚，色素丰富，具有独特香气。果汁糖分较高。

生长特征：萌芽晚，比佳利酿早 1 周左右；生长势中等，丰产。中熟到晚熟品种，比佳利酿早 2 周左右。

葡萄酒特征：气候和土壤在很大程度上决定了西拉葡萄酒的风格和质量，在风沙土及排水良好的土壤中适应性好，成熟良好的西拉会带有丰富黑色水果、黑巧克力及胡椒香气。优质的葡萄酒品种色深、结构感强、单宁含量高。果香优雅、浓郁、多样，包括香蕉、黑加仑、樱桃、树莓、桑葚、橄榄、李子干、青椒、牛肝菌、烟草、紫罗兰、林下、皮革、佐料、甘草、肉桂、胡椒、可可等。

八、马瑟兰

英文名称：Marselan。

来源：原产于法国西南部地区。赤霞珠和歌海娜的杂交后代。

分布：主要种植在法国、美国、阿根廷、巴西。马瑟兰于 2001 年被引入中国。2001 年刚刚建成的中法庄园向法国直接引进 16 个品种的嫁接苗，其中就包括马瑟兰，种植面积为 3 公顷，仅次于赤霞珠和霞多丽。马瑟兰在中法庄园表现突出，如今已成为一个特色和招牌品种，广泛种植于我国宁夏、新疆、内蒙古、山东、河北等产区。

生长特征：果粒偏小，需要在炎热和阳光充足的土地上生长。

葡萄酒特征：作为赤霞珠和歌海娜的杂交后代，马瑟兰果香优雅，葡萄酒颜色深，有荔枝、荔枝干、覆盆子、烤坚果和香草香气，单宁含量高，质感细腻，具有陈年潜能。目前是我国山东、宁夏等产区最具潜力的品种之一，种植面积近年来也在不断增长。

除上述品种外，在我国栽培的红色品种还包括小味儿多、胡桑、神索、歌海娜、宝石、丹那、紫大夫、真芳德等引进品种和 8804、北醇、公酿 1 号、红汁露、梅郁、双庆、烟 73、烟 74 等我国培育的品种。

知识链接 **葡萄品种专属节日**

人们为了庆祝或纪念某个人或某个事件，总能发明出层出不穷的节日和纪念日。那你知道吗，葡萄品种也有自己的专属纪念日。作为酿造葡萄酒最关键的元素，葡萄品种赋予了酒液各种各样的风格，每个品种都有其独特的魅力。接下来我们就来看看哪些酿酒葡萄有它的专属节日吧！

1. 马尔贝克日（4 月 17 日）

2011 年，阿根廷葡萄酒协会将 4 月 17 日正式定为“世界马尔贝克日”。1853 年，时任阿根廷总统的多明戈·福斯蒂诺·萨米恩托委任法国农学家米歇尔·普杰引进新葡萄品种，以促进阿根廷葡萄酒产业的发展，而当初引进的品种正是如今的阿根廷明星——马尔贝克。政府借此节日纪念这一伟大的历史转折点，同时也希望能够推广阿根廷葡萄酒，让全球葡萄酒爱好者有机会认识并品尝马尔贝克。

2. 长相思日（每年 5 月的第一个星期五）

自 20 世纪 90 年代起，长相思就成了新西兰的旗舰品种之一。为了庆祝长相思的丰收，新西兰人将每年 5 月的第一个星期五定为“国际长相思葡萄酒节”。届时，新西兰的知名酒庄将举办晚宴、品鉴会和餐酒搭配交流会等活动，庆祝节日的同时推广酒庄的葡萄酒。

3. 莫斯卡托日（5 月 9 日）

为了增强人们对莫斯卡托的认识，以及鼓励大家尝试这种果味丰富的葡萄酒，全球酒业巨头嘉露酒庄于 2012 年发起了“莫斯卡托日”。

4. 霞多丽日（5 月 21 日）

创立者已无从考证，但我们感谢能够拥有这个一线国际品种的节日。被葡萄园和酿酒技术的特点影响的霞多丽，随和多样，能跟橡木桶很好地结合在一起。

5. 蛇龙珠日（5 月 25 日）

这是中国葡萄酒人自己的节日。蛇龙珠是迄今唯一被国际上认可的中国培育的酿酒葡萄品种。2016 年 5 月 25 日，张裕公司在香港国际葡萄酒和烈酒展览会上倡导发起“世界蛇龙珠日”，外媒报道称“中国从此拥有了一个全世界独一无二的葡萄品种节日”。

6. 黑皮诺日（8 月，具体日期不详）

1985 年，美国俄勒冈州的葡萄酒爱好者、酿酒师、餐饮界人士和零售商组成了一个非正式组织，并在两年后举行了第一届“国际黑皮诺节”，自此，一年一度的节日活动不断发展壮大。

7. 赤霞珠日（8 月底）

始于 2009 年，由 Twitter 红人 Rick Bakas 发起。

8. 歌海娜日（每年 9 月的第三个星期五）

这是由歌海娜联合会创立的歌海娜官方节日，意在扩大歌海娜的影响力。在这一天，世界上多个国家的酒庄、酒商、餐馆和葡萄酒爱好者都会自发进行庆祝，在南罗讷河谷和西班牙尤为流行。

9. 梅洛日（11 月 7 日）

据悉，“国际梅洛日”是由《酒窖情报》发起的，虽然不是一个官方节日，但人们认为梅洛这一可爱的品种值得拥有其专属的节日。它常出现在波尔多混酿中，从知名度来说，梅洛或许不及赤霞珠，但其单一品种的顶级佳酿（如“酒王”柏图斯）正将人们的目光引向这一潜力十足的品种。

10. 丹魄日（11 月 12 日）

2011 年，丹魄倡导者、生产者及爱好者协会组织了第一届“国际丹魄日”活动。丹魄是西班牙的本土葡萄品种，也是最重要的葡萄品种，而这一节日的设立也是为了推广这一品种，使其走出西班牙，走上国际化的发展之路。

11. 仙粉黛日（11 月的第三个星期日）

仙粉黛是独具美国特色的一个葡萄品种，是加州耀眼的明星。“国际仙粉黛日”是由仙粉黛倡导者和生产者组织发起的，这个组织每年都会在美国举办为期一周的葡萄酒节。届时，众多酒庄将开放品酒室和葡萄园以供仙粉黛爱好者品鉴和参观。

12. 佳美娜日（11 月 24 日）

佳美娜原产自法国波尔多，现已经成为智利具有代表性的国家典型葡萄品种。2014 年，在佳美娜获得正名的 20 周年之际，智利葡萄酒协会将 11 月 24 日定为“佳美娜日”。

技能实训

［课堂总结］

请将上述 8 个红葡萄品种的特征总结至下表。

品种	分布	来源	果穗特征	生长特性	葡萄酒特征
赤霞珠					
蛇龙珠					
品丽珠					
梅洛					
黑皮诺					
佳美					
西拉 / 设拉子					
马瑟兰					

实训 1：品鉴

作为葡萄酒侍酒师，你计划举办一次别具特色的葡萄酒品鉴活动，主题是探索红葡萄品种的多样性。你已经选择了五种主要的红葡萄品种，并希望为参与者提供一次深入了解这些品种的机会。请品鉴五款主要红葡萄品种的代表酒款，描述其外观、香气、口感和风味等方面的特征并撰写品酒辞，并对葡萄酒的品质做出评价。

实训 2：品鉴活动策划

请以小组为单位，完成下列任务：策划一场品鉴活动，包括场地选择、葡萄酒采购、食物搭配、活动流程、宣传和品种日等节庆文化。考虑如何最好地展示每个红葡萄品种的特点，以及如何吸引和提高参与者的积极性。

反馈评价

评价内容	评价标准	自评	互评	师评
出勤 10%	按时出勤，未有无故迟到、早退、旷课现象。			
课堂学习 10%	积极投入理论学习，踊跃参与课堂互动。			
实训 1 课堂总结 20%	能够准确总结前文 8 个红葡萄品种的特点。			
实训 2 品鉴 30%	葡萄酒品鉴技巧：能够使用专业术语对葡萄酒的视觉、嗅觉和味觉等做出评价。			
	品鉴笔记：能够详细撰写葡萄酒的品鉴笔记（包括视觉、嗅觉、味觉和总结等）；笔记准确、清晰、有条理。			
	品鉴表达能力：在口头表达中，能够使用专业术语和形容词流畅、自信地描述品鉴感受；在书面表达中，能够以清晰、连贯的方式传达品鉴观点。			

续表

评价内容	评价标准	自评	互评	师评
实训 2 品鉴 30%	品鉴准确性：品鉴评价能够准确反映葡萄酒的特点，能够尝试识别葡萄酒的品种、产区和风格。			
	专业素养：实训过程中，表现出专业的态度、独立思考和对葡萄酒领域的热情。			
实训 3 品鉴活动策划 30%	目标明确性：方案有明确的目标和期望的结果；方案清楚定义了目标受众。			
	策略的合理性：策略与目标相一致；能够选择适当的渠道和工具。			
	创意和吸引力：方案有创意，能够吸引目标受众的注意；方案中包含有趣、引人入胜的元素。			
	可执行性：方案考虑了资源、时间和预算的限制，有详细的执行计划，具备一定的可行性。			
	清晰的沟通：口头展示时，能够清晰地表述方案内容，并使用适当的语言和适合的语调；书面展示应体现良好的写作技巧，包括语法准确、拼写规范和文风有特色。			

项目小结

本项目中，我们深入探讨了常见的酿酒葡萄品种及影响其品质的自然环境。深入了解这些葡萄品种，不仅增加了我们对葡萄酒的认识，也增加了葡萄酒品鉴和侍酒所需的知识储备。本项目主要涵盖了以下主题：

第一，影响葡萄品质的自然因素。我们学习了影响葡萄品质的自然因素，包括气候、土壤、海拔和降水量等。这些因素对葡萄的生长和成熟过程影响深远，直接或间接影响葡萄酒的风味和特点。

第二，主要的白葡萄品种。我们深入研究了国内和国际常见的白葡萄品种，如霞多丽、雷司令、长相思、白诗南和赛美蓉。通过品鉴和分析这些品种的葡萄酒，我们可以更好地了解它们的特点、可能的酿造风格和风味。

第三，主要的红葡萄品种。我们探讨了国内和国际常见的红葡萄品种，如赤霞珠、蛇龙珠、品丽珠、梅洛、黑皮诺、佳美、西拉和马瑟兰。了解这些品种的特点有助于我们更好地欣赏和品鉴红葡萄酒。

在本项目的实训任务中，我们通过品鉴活动策划、品鉴工作坊和品鉴报告的方式，将所学知识应用到实际情境中。这些实训任务不仅提高了大家的品鉴技能，还锻炼了大家的策划和沟通能力。

知识园地·中国故事

诗情雅颂话美酒——葡萄品种中文名称的由来

西汉时期，张骞出使西域带回了葡萄，当时司马迁的《史记·大宛列传》也记有“宛左右以蒲陶（葡萄古名）为酒”。但其所指的主要是来自中亚的葡萄，甚至后来唐太宗自酿用的是高昌（位于今新疆吐鲁番市）的马奶葡萄。而我们现在熟知的酿酒葡萄品种，实际上在19世纪末才引进中国。

张骞出使西域壁画

1892年，张弼士先生创建了张裕酿酒厂，并从国外引进120多个酿酒葡萄品种，还聘请了奥匈帝国驻芝罘（烟台旧称）的副领事作为第一代酿酒师，所以不仅是酿造风格，连引进的葡萄品种也深受其影响。

张裕酿酒厂旧照

为了更好地传播中国葡萄酒文化，张裕还请了二十几位当时有名的文人墨客来为这些葡萄品种起中文名字。当时他们喝着不同品种的美酒，用诗情画意描述品种的特色，便诞生了很多兼具美、雅的名字，其中一些至今仍在广泛使用。

Cabernet Sauvignon 如今虽被音译为“加本力苏维翁”，但国人更熟悉的还是“赤霞珠”这一名号。“赤霞珠”这一名称已经深入人心，充满诗意而又完美地概括了其特性。当初张裕请来的文人墨客见其酒液流光溢彩，还有赤红如晚霞的颜色，便取名“赤霞珠”，即便是初次听到赤霞珠的人，也能想象出其宏大的酒体和鲜艳的颜色了。

提起 Sauvignon Blanc，大家想到的肯定不会是“白苏维翁”，而是多情的“长相思”。长相思是我国古代著名的词牌名，正所谓“长相思，长相思。欲把相思说似谁，浅情人不知”。显然，Sauvignon Blanc 的特征便是文人们眼中的风情。更何况，Sauvignon Blanc 浓郁的百香果香气和仿佛隐藏着一片森林的清新的青草味，让每个品尝过的人都念念不忘。这等牵动饮酒者心思的品种，用“长相思”来命名实在是再合适不过。

Cabernet Sauvignon

Sauvignon Blanc

Verdot（如今写作 Petit Verdot）的译名“魏天子”可以说是最霸气的一个了，虽然有些音译的痕迹，但与现在完全音译的“小味儿多”不同，整体上很有文人雅士的风格。Petit Verdot 这一品种个性张扬，酿出的葡萄酒通常有着高单宁、高酸度、高酒精度数，加上酒体饱满，还真是颇有大魏天子的威仪风范。

Portugieser 本意是“葡萄牙人”，这也是它如今的中文名称，可大家不要误会，它和葡萄牙并无太多关系，反而是奥地利和德国的重要红葡萄品种之一。它的曾用名是“凉州牧”（如今通用的“琼州牧”或是误传），取自唐朝诗人刘禹锡的《葡萄歌》，“酿之成美酒，令人饮不足。为君持一斗，往取凉州牧”（史料记载实为一斛）。这句诗中蕴含着一个有名的葡萄酒典故，讲的是东汉末年有一人名叫孟佗，他送给汉灵帝的宠臣张让一斛（等于现在的100升）葡萄酒，便得到了位高权重的凉州刺史一职。用“凉州牧”作为 Portugieser 的名字，可见当时饮此佳酿的文人们对它有多看重了。

Verdot

Portugieser

已有魏天子、凉州牧，不如再来个武将！可能当初的文人们也是这般想法，便给Pinot Gris起了个“李将军”的名号。如今的直译“灰皮诺”，相比之下要平淡许多。国内引进的第一批灰皮诺是来自德国和法国阿尔萨斯产区的品系，所以有着香辛料的辛辣感，同时浓郁的水果味又让酒款复杂多变，像是位战术变化莫测的将军，总是能出其不意地攻占饮酒者的心城。至于为什么姓李，可能是文人们引经据典，向汉代名将李广致敬，不过，也说不定是起名者便姓李。

Blau Burgunder和Burgunder Weiss，又写作“Blauburgunder”和“Weissburgunder”，它们分别是“黑皮诺”和“白皮诺”在奥地利的别称。当初张裕引进它们时，给它们起了十分具有中国特色的名字，“大宛红”和“大宛香”。这两个名字源于司马迁《史记·大宛列传》里的“宛左右以蒲陶为酒”，也是为了纪念张骞出使西域，从大宛引进葡萄的功绩。

Pinot Gris

Blau Burgunder　　Burgunder Weiss

Carignan的中文名叫“佳丽酿”，这大概是最接近外文名发音同时又兼具意境的名字了。佳丽酿酒，酿成“佳丽酿”，你若是就这样从它的名字判断这是个柔情的品种，那可就错了。佳丽酿不仅酸度高、单宁含量丰富，还带有轻微的苦味。不过，不柔情可不代表它不是个“美人”，如今精湛的酿酒工艺能让它扬长避短，新鲜的红色浆果味也算是清新自然，而且佳丽酿老藤常会酿出令人惊喜的卓越葡萄酒。

古时形容美女的词语不胜枚举，但不少诗人偏钟爱“粉黛”，如今酿酒葡萄里也有这么一位尤物，名叫“仙粉黛”。在经过香料香、浆果香的熏染之后，Zinfandel的轻盈

Carignan

Zinfandel

和清新仿佛就是山涧美景，那些品了众多酒款的文人也被它的“仙气”折服，便半音译半演化地将它命名为“仙粉黛”。我们现在说起 Zinfandel，也常用“增芳德”“金粉黛”，但这些名字则失去了灵气。

Italian Riesling 可不是什么“意大利雷司令”，实际上并没有确切证据能证明它来自意大利，而它与雷司令更是毫无关系。但这丝毫不影响它有个优雅大方的中文名——“贵人香”。Italian Riesling 酿成的酒酸度高，而且有悦人的果香，它在奥地利的表现可以说是发挥到了极致。这不正是“古有荔枝‘妃子笑’，今有葡萄‘贵人香’”吗？不止“贵人香”，Italian Riesling 现在还被译为“薏丝琳”，又因为它的别称 Welschriesling 而被叫作“威尔士雷司令”，这也是该品种如今的常用名称。

Cabernet Franc 的译名是“品丽珠”，千万不要以为在旧世界只有法国的波尔多、卢瓦尔河产区才有高品质的品丽珠，匈牙利的维拉尼产区也出产高品质的品丽珠酿制的葡萄酒。与赤霞珠相比，Cabernet Franc 的颜色要淡，酒体更柔和，香气也更加明显，就像一位大家闺秀一样高雅、柔美，所以喝的时候自然要像品味丽人一样。相比之下，Cabernet Franc 如今的直译“卡本内·弗朗”就缺少了一份诗意！

Italian Riesling

Cabernet Franc

酒中珍品莫过于“琼浆玉液”，Gewurztraminer 的名字“琼瑶浆”，便有用美玉、瑶池酿制的酒浆的意思。为什么试饮的文人给它这么高的评价呢？那可得说说这个品种的奇特之处。明明是白葡萄品种，却有粉红色的果皮，酒液中有荔枝、香橙、玫瑰等浓郁的香气，扑鼻却不失清新，这不正是历代古人苦苦寻觅的瑶池酒液吗？所以，“琼瑶浆”的名字便由此而来，并一直沿用至今。

Gewurztraminer

张裕酿酒公司当时的海报

除了上面这些品种，还有很多充满诗意的品种名称，像是“法国蓝（Blau Frankish，即 Blau frankisch 在奥地利的别称）”“马尔贝克（Malbec）”“冰雪丸（Gutedel Weiss）”“上苑香（Ribolla Gialla）”“梅鹿辄（Merlot）”等，让人听名字就想饮个痛快。而且，不光是酿酒葡萄品种，当时针对酒款的命名也都出现了。唐太宗破高昌，获马奶葡萄酿酒，便给用长相思酿制的葡萄酒起名“高昌种”；Petit Verdot 酿制的酒款起名“回贡绿”；张裕 1931 年开始酿制的“解百纳”最初也并不是赤霞珠的别称，而是由赤霞珠、品丽珠、蛇龙珠这三个 Cabernet 家族的葡萄混酿的葡萄酒名字。“解百纳”即是 Cabernet 的音译，也取“携海纳百川”之意，足见古人的智慧。

怎么样，你有没有被文人的才情打动？所以，关于这些酿酒葡萄，你是更喜欢如今的音译名，还是过去文人的译名呢？

项目六 风味品鉴之葡萄的种植、酒的酿造及陈年

项目导学

项目导语

- 在前几个项目的学习中，我们已经了解了品评和鉴赏葡萄酒的艺术，认识到了影响葡萄品质的自然因素，也了解了一些常见的酿酒葡萄品种。现在，我们将进一步从葡萄的生长周期、葡萄园的四季入手，感受葡萄植株在不同季节的生命律动。我们将走进酒庄，探寻不同功能分区在葡萄酒酿造过程中的独特作用。我们还将进入葡萄酒的生产车间，了解葡萄的采摘、压榨、发酵、陈年等环节的技术和工艺，试着理解这些环节如何将葡萄的特性转化为葡萄酒的多样性。通过本项目的学习，葡萄酒的品鉴之旅将更加醇厚而深刻。
- 本项目的学习不仅能够加深大家对葡萄酒制作的了解，也有助于提升大家对葡萄酒的感知和分析能力，从而在学习的过程中能够欣赏和解读葡萄酒的多重层次。

知识目标

- 了解葡萄的生长周期和葡萄园管理的基本原则。
- 掌握葡萄酒生产的各个环节，包括采摘、发酵、陈年等。
- 熟悉葡萄品种对葡萄酒风味的影响。

能力目标

- 能够运用感官品鉴技巧分析葡萄酒的酿造工艺。
- 能够描述不同酿造工艺对葡萄酒风味的影响。

素养目标

- 认识到葡萄酒的制作是一项综合性的工艺，需要精湛的技艺和丰富的经验，培养工匠精神和专业精神。
- 了解葡萄酒产业与自然环境的紧密联系，培养可持续发展和环保意识，并将这些理念应用在实践中。

任务一　葡萄园的四季

情境导入

作为一名热爱葡萄酒的侍酒师，小玖不仅常在葡萄酒酒庄的温馨酒窖中品鉴美妙的葡萄酒，还会深入葡萄园，感受土地在不同季节的变化。作为今天的向导，小玖将与你分享一段关于中国葡萄园的四季之旅。

我们置身于宁夏的一个葡萄园。此时正是春季，葡萄藤刚刚苏醒，新生的嫩绿叶子在轻柔的春风中摇曳。这个季节是葡萄园新生的时候，一切都充满了希望。小玖告诉你，春季的葡萄藤如何准备在接下来的季节里生长，并逐渐展示出它们的特点。接着，我们来到了盛夏时节。阳光灿烂，天空湛蓝，葡萄藤茁壮生长，葡萄慢慢酿成了糖分丰富的果实。我们将探讨夏天如何成就了葡萄的品质，以及如何在高温下保护葡萄园。秋季是我们最期待的季节，葡萄藤的叶子逐渐转变为金黄色，葡萄粒成熟得刚刚好。这个时候，酿酒师会选择最佳时机，开始采摘葡萄。我们将了解葡萄收获的艺术，以及如何在酒庄中将这些葡萄酿成美味的葡萄酒。最后，冬季降临，一片宁静覆盖了葡萄园。这个季节，葡萄藤休息，但葡萄酒却在橡木桶中悄悄陈年。我们将了解葡萄酒陈年的奥秘，以及这个过程如何赋予葡萄酒更多的层次和深度。

通过情境导入，希望大家能够感受到中国葡萄园四季的美丽和葡萄酒制作的复杂性。在接下来的学习中，我们将以宁夏葡萄园为例，深入探讨葡萄园的四季，了解每个季节对中国葡萄的影响，以便更好地理解和品味中国葡萄。

知识精讲

古人很早就懂得通过观察日月星辰的变化以及动植物的生长和生活规律来推演节气，从而指导农业生产。尤其在黄河流域，节气是十分重要的农业生产依据。葡萄树也会在不同的时节展现出不同的生长、发育情况，并呈现周期性变化。了解酿酒葡萄的生长周期，并采取合理的管理方式，是做出高品质葡萄酒的前提条件。

一、葡萄树生长周期

（一）春发

春天万物萌发，葡萄树也从沉睡中醒来。3 月中下旬，春分时节，当地气温上升到 7℃～8℃时，葡萄树的根系开始吸收水分，树液开始流动。此时若葡萄植株出现伤口，则会流出树液，因此这段时期被称作“伤流期”。伤流会对葡萄树萌芽和生长造成不利的影响，所以此时应避免修剪和损伤枝条的操作。清明过后，随着萌芽期的接近，伤流期逐渐结束。

春发

谷雨是春天的最后一个节气，悄然而至的雨水预示着夏天的临近。4月下旬是葡萄树萌芽并展叶的时期，这时候叶尖开始出现，芽内的花序原基继续分化，形成各级分支和花蕾。新梢的叶腋处陆续形成腋芽。萌芽期虽然短，但是葡萄树对水肥的需求很大，同时还要预防倒春寒对新芽的冻害。

（二）夏长

夏天是植物快速生长的时期，立夏到小满之间（5月上旬到5月下旬），葡萄树的新梢长出，同时果穗出现并展开。随着气温升高，新梢的生长速度逐渐加快，在气温达到20℃左右时，进入生长高峰期，可以达到每天5厘米的生长速度。新梢的腋芽也迅速长出副梢。此时如果营养条件良好，新梢生长健壮，将对当年果实的产量和品质以及次年的花序分化起到决定性作用。

小满过后，新梢的生长速度逐渐减慢，因为葡萄树要将营养分配给花序，葡萄的开花期即将到来。在气温20℃～25℃的晴朗早晨，葡萄树开花最多。而当气温低于15℃时，或连日阴雨，开花期将延迟。葡萄的花期一般为1～2周，一直持续到6月初的芒种时节。

夏长

繁花落尽，正是夏至时分，这一天太阳直射北回归线，北半球迎来了最长的白天。授粉成功的幼果开始膨大，种子开始发育。这个过程安静而漫长，将持续60～70天，最长的甚至可以达到100天。绿色的幼果里含有叶绿素，可以像叶片一样进行光合作用。当绿色褪去，葡萄果实开始变色的时候，就意味着秋收的季节即将来临。

（三）秋收

8月中上旬，立秋过后，葡萄的果实不再继续增大，且褪去了青绿色。红色葡萄品种的葡萄开始变红，白色葡萄品种则逐渐变得透明。葡萄将用40～60天的时间缓慢地成熟，等果实变软、有弹性，果肉变甜，种子逐渐变为深褐色，浆果就完全成熟了。晴朗的天气对葡萄的成熟十分重要，雨水会稀释葡萄的风味，也会带来霉烂的风险。从8月下旬处暑时节开始，酿酒葡萄陆续进入采收期。采收时间往往取决于酿酒师的个人风格，有些葡萄园会把采收时间推迟到10月底秋霜来临之前的几天。

秋收

（四）冬藏

果实采收后，叶片光合作用仍在继续，果树体内的营养转向枝蔓和根部贮藏，新梢自下而上不断充实营养并且木质化，根系进入生长高峰期。随着气温降低，叶片光合作用逐渐减弱直到停止，最终脱落。这个过程在霜降之后开始，到立冬时，落叶期基本结束。

11月，落完叶片的葡萄树开始进入休眠期，整个树体活动微弱。由于宁夏的冬天寒冷而干燥，葡萄树需要进行埋土才能顺利越冬。工人会将枝条适当修剪，然后在地面冻结之前完成埋土工作。葡萄树将

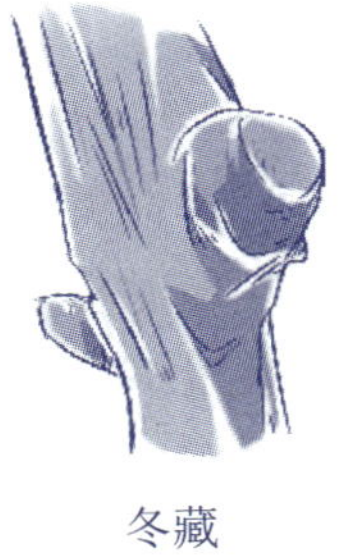

冬藏

在地下休眠数月，等待下一个春天的来临。

二、葡萄园的管理

（一）葡萄园定植及整形修剪

农业是民生根本，是国之大计，发展农业需要做长远规划。农作物种植也需要有规划，不能盲目发展，更不能“朝令夕改”，对于酿酒葡萄栽培来说更是如此。因为酿酒葡萄是多年生植物，一般三年的葡萄树所产出的果实才会用来酿酒，这就意味着改弦易辙将耗费大量经济成本和时间成本。

因此，对于新建的葡萄园，首先需要根据土壤化验结果和气候条件确定葡萄品种，接着是对道路、灌溉等配套设施进行规划，并确定资金预算。在葡萄定植时，应该根据园地的地形、土壤结构等条件确定架型、朝向和种植密度。由于在宁夏种植酿酒葡萄需要在冬季埋土，因此要留下足够宽的行距用于取土，宁夏葡萄园的平均行距在 3 米左右。

宁夏贺兰山东麓产区最早广泛采用的树形为“直立龙干形”，即俗称的“独龙干”。这种树形容易获得高产，但是随着树龄增加，越来越粗的直立树干会给埋土带来不便。目前，宁夏产区的新建葡萄园大多采用“厂字形”整形方式，这种树形的主蔓和地面的倾角小于 45°，更便于埋土。又因其结果枝蔓分布均匀、结果部位一致，使得葡萄浆果成熟度一致。同时还有便于采收、便于质量控制、便于机械化的特点，因此“厂字形”整形方式受到越来越广泛的推广和应用。

葡萄园

（二）埋土与展藤

埋土与展藤是宁夏种植酿酒葡萄的一大特色。由于宁夏受典型的大陆性气候影响，冬季寒冷而干燥，最低气温低于零下 20℃，欧亚种葡萄越冬时在严寒和干旱的双重影响下容易遭遇“冻旱”而死亡。目前解决这一问题的最好办法就是将葡萄藤埋在土里越冬，来年春天再将葡萄藤上的覆土除去。这一工作在世界上其他国家的葡萄酒产区是不可想象的。

进入 11 月，天气转冷，葡萄园里的工人需要在地面冻结前结束埋土的工作。据测量，埋土厚度每增加 10 厘米，葡萄藤的最低温度可提高 2℃。根据多年的实践经验，宁夏地区葡萄藤上埋土的厚度至少在 30 厘米。

时值 4 月，第一个节气就是清明，埋于土下的葡萄也即将从“冬眠”中醒过来。工人会去除压在葡萄藤上的土并将葡萄藤绑缚上架，这一过程称为“展藤”。由于此时有的藤条上的芽已经开始萌发，因此必须十分小心。葡藤伸展，生机复苏，酒庄一年的忙碌也就此开始。

埋土与展藤

（三）土壤及水肥管理

宁夏产区的土壤类型主要为灰钙土、淡灰钙土、风沙土和灌淤土，并含有不同程度的砾石，保水性差，同时蒸发量远远大于降雨量。这使得宁夏土地开发需要将灌溉条件作为首要因素来考虑。目前宁夏产区的大多数葡萄园采用滴灌或滴灌与沟灌相结合的灌溉方式，大大提高了水资源的利用率，并可以做到人为控制给水时间和给水量，从而达到科学合理的灌溉管理。

通常认为，保持土壤贫瘠的状态可以让葡萄树结出风味更浓郁的果实，因此国际上有的产区主张不施肥，而是用土壤自身的养分来栽培葡萄。但是这种方式对于宁夏的葡萄栽培却并不适用，因为宁夏产区的土壤过于贫瘠，以至于仅靠土壤自身的养分无法使葡萄正常生长。因此在葡萄园开垦的时候就需要施用底肥对土壤进行改良，在此后的种植过程中还要定期施用牛粪、羊粪和有机肥来增加土壤肥力。

宁夏产区土壤管理惯常采用的措施是清耕法，即将葡萄周围的杂草全部清除。这些杂草的种子是由风沙裹挟来或由牛羊粪里携带来的，生命力顽强，任由它们自由生长会抢占葡萄树的养分和水分，从而影响葡萄的生长。近几年，也有部分种植者意识到葡萄园生草能改变葡萄园的微气候，增加土壤有机质，于是开始进行葡萄园生草和覆草的实验。

（四）病虫害及防治

由于气候干旱，宁夏贺兰山东麓产区的葡萄病虫害较少，因此在科学合理的种植管理下可以不施用农药，这也为产区的葡萄园实行有机种植创造了可能。但因为宁夏产区大面积种植单一品种葡萄，也为寄生性病虫的繁殖和传播提供了条件。目前宁夏贺兰山东麓产区葡萄的主要病害是葡萄炭疽病、葡萄卷叶病、葡萄霜霉病、葡萄花叶病、葡萄灰霉病、葡萄根癌病、葡萄白粉病和葡萄白腐病，发病时间主要集中在 6—9 月。生理性病害在宁夏也经常出现，以日灼病、葡萄酸腐病、缺营养素导致的危害最为严重。5—9 月是各类虫害的主要发生期，葡萄斑叶蝉、葡萄缺节瘿螨、西花蓟马等是较为常见的害虫，虫害对叶片、根部、果实乃至花、芽都有危害。

虽然病虫害每年都会对葡萄园造成威胁，但是宁夏回族自治区政府推广的“预测预防”“统防统治”工作有效地控制了病虫害的规模，降低了危害程度。在科学的管理方法和积极的预防措施下，病虫害将更加可控，对葡萄品质及产量的影响也会越来越小。

病虫害及防治

（五）采收

秋季是收获的季节。每年 8 月下旬到 10 月上旬，不同成熟期的葡萄品种依次成熟并进入采收期。在采收前的几周里，酿酒师会对葡萄的成熟情况进行跟踪检测，以确定最合适的采收时间。虽然含糖量是葡萄成熟的重要指标，但是大多数酿酒师更加注重的是酚类物质的成熟情况。他们通过感官分析对果实的颜色、硬度、糖、酸、单宁、香气等进行综合评价，力求使葡萄酒具有细致浓郁的风味和层次感。在宁夏贺兰山东麓产区，采摘全部是手工进行的，虽然手工采摘费时费工，但是避免了葡萄在入罐前氧化，对于酿造优质葡萄酒是十分有利的。

采收

技能实训

以小组为单位，选定一个熟知或向往的酒庄，以酒庄工作人员的身份完成以下任务：

（1）通过抽签，每组分到“春、夏、秋、冬”中的任意一个季节；

（2）每个小组根据抽到的季节，对照每个季节对应的葡萄生长阶段、不同季节葡萄园的风光和酒庄地图，设计相关导览活动和讲解辞。

反馈评价

评价内容	评价标准	自评	互评	师评
出勤 20%	按时出勤，未有无故迟到、早退、旷课现象。			
课堂学习 20%	积极投入理论学习，踊跃参与课堂互动。			
实训汇报展示 60%	内容准确性：能够提供准确的信息和相关数据。			
	深度和广度：深入研究了每个季节对应的葡萄生长阶段、不同季节葡萄园的风光和酒庄地图。			
	清晰性和逻辑性：展示结构清晰，逻辑严谨，易于理解。			
	引用和来源：能够引用可信的资料来支持其研究；提供了参考文献或引用来源。			
	沟通能力：口头展示时，表述清晰且能够使用适当的语言和语调。			
	吸引力和兴趣：能够使用生动的例子、图片或多媒体元素引起听众或读者的兴趣。			
	反馈和互动：口头展示时，能够回应听众的问题和反馈，与听众互动，并展现对听众的关注和尊重。			

任务二　葡萄酒的生产工艺

情境导入

作为一名热爱葡萄酒的侍酒师，小玖常常有机会参观各个葡萄酒庄，深入了解葡萄酒的生产工艺。今天，让我们与小玖一起，踏上探索葡萄酒生产工艺的旅程。我们现在前往一家位于银川的酒庄，当我们踏入这座酒庄时，首先映入眼帘的是一片整洁的酒窖，一排排橡木桶静静地躺在架子上。这里不仅是葡萄酒的储存之地，也是葡萄酒诞生的地方。我们将深入酒庄的不同功能分区，了解葡萄酒从酿造、发酵、陈年到装瓶的整个过程。我们将“亲身”体验葡萄酒生产的每个环节，了解不同工艺是如何影响葡萄酒的风味和品质的。

在这一任务中，我们将展示葡萄酒制作的流程，了解酿酒师是如何运用科学与艺术，通过传承和创新，制造出高品质的葡萄酒。这段探索将帮助我们更好地理解葡萄酒的生产工艺，为未来开展葡萄酒相关工作提供更多知识积累和技能储备。

知识精讲

一、酒庄功能分布

（一）酒庄

一个酒庄用土地表述一种耕耘文化，用葡萄酒记录一种酿酒哲学，用空间来容纳一群人的紫色梦想。酒庄不是一个简单的建筑，它的核心在于服务葡萄酒生产，依据酿酒工艺流程进行空间规划设计。一个酒庄的基础布局包括前处理车间、发酵车间、酒窖、化验室及灌装车间等，有些酒庄还会根据自身的旅游接待需求，增加展示区、品鉴区、餐饮区等。

1. 前处理车间

成熟的葡萄采摘后会在第一时间被运送至前处理车间，经过人工或机器分选，筛除不符合标准的葡萄，再经过除梗后输送至发酵车间进行酒精发酵。

前处理车间一般不会设计得太大，平时够摆放下相关的设备即可。当酿造季到来的时候，这些设备会依次排开，一直延伸到车间门外。运送葡萄的车辆和等待处理的葡萄都会在这里集结。因此对于大多数酒庄来说，车间外的空地才是真正的工作区域。

2. 发酵车间

发酵车间的基本功能是将葡萄转变为葡萄酒，这里最重要的设备是发酵罐。一个酒庄里会有许多个大小不等的发酵罐，酿酒师会把不同特质的葡萄原料放进不同的罐里发酵，通过调整浸渍时间、控制发酵温度、打循环、压酒帽等一系列操作酿造出不同特点的原酒。不同罐里的原酒最终会根据需要调配在一起，成为不同的产品系列。

3. 酒窖

为了让葡萄酒在香气和口感上更加复杂、丰富具有层次，酒庄会对葡萄酒进行陈酿，因此酒窖必不可少。酒窖的基本条件是通风良好、避光、无震动，并常年保持恒温12℃～16℃，恒湿75%～85%，这样才能让所贮藏的葡萄酒充分酝酿和缓慢成熟。

大部分酒庄的酒窖设在地下，利用恒定的地温可以获得较为稳定的环境，也有一些现代化的酒庄将酒窖设在地面，利用制冷设备来调节温度。酒窖一般分为橡木桶陈酿区和瓶储区，码放整齐的橡木桶和酒瓶具有观赏性，因此酒窖也是酒庄观光的必到之处。

4. 化验室

尽管酿酒师可以通过品尝来了解酒的状态，但是定量的检测依然有着不可替代的优势——精准。化验室的工作就是对生产过程和储存阶段的葡萄酒的品质进行监控。简单的检测每个酒庄都可以做，但是有些更专业的检测就需要到设备更完备的化验室去进行。

5. 灌装车间

大多数酒庄都拥有自己的灌装线，这意味着无须拉着酒液东奔西跑，也避免了运输中的意外情况对酒质的影响。现代化的灌装线十分智能，洗瓶、灌装、打塞、封帽、贴标等工作可以同时完成。对于很少量的葡萄酒来说，也可以采用手动灌装的方式，一些没有灌装设备的酒庄也会选择使用灌装车。

6. 其他

有些酒庄出于旅游接待及商务洽谈的需要，会在酒庄里增加一些功能区，如品鉴区、接待展示区、餐饮住宿区、娱乐休闲区、商务洽谈区等。酒庄不仅是一个酿酒的场所，也越来越多地发挥着文化传播和旅游、娱乐等功能。

（二）酒庄酒

通常所说的“酒庄酒”是指在酒庄酿造的葡萄酒。酒庄酒的核心条件是拥有自主的酿酒葡萄种植基地，且酿造和陈酿均在酒庄内进行。葡萄酒作为酒庄文化的一个载体，不仅反映了这片土地的光照、热量、雨水和土壤的特点，也在讲述酒庄自己的酿酒哲学与人文情怀。

二、葡萄酒的生产

酒庄最重要的功能就是酿造葡萄酒。这个过程看似复杂，其实最基础的原理就是通过酵母菌的作用将葡萄里的糖分转化为酒精。而其他复杂的工艺都是为了获得更稳定的质量或更好的风味。由于我们所饮用的葡萄酒有着各种不同的风格类型，因此在工艺上也有所区别。在宁夏贺兰山东麓产区，葡萄酒最主要的类型是干红和干白，也有一些桃红葡萄酒、起泡葡萄酒、冰酒等。

（一）前处理工艺

宁夏贺兰山东麓产区的酿酒葡萄都是手工采摘的，在进入发酵罐之前需要进行分选和除梗。工人会将品质不佳的果串直接丢弃，然后用除梗机脱去葡萄的果梗。宁夏的大部分酒庄对葡萄的品质有更严格的要求，因此还要进行粒选。工人会逐粒选出成熟度高、果粒饱满的葡萄，将不成熟的果实和未清除干净的果梗筛选掉，这样的工艺虽然费时、费工，但是对于提高葡萄酒的质量有很大的帮助。

虽然大多数酒庄在酿造干红葡萄酒时都会把葡萄破碎以后再进行发酵，但是也有一些酒庄采用整粒发酵的工艺。这取决于酿酒师对葡萄酒风格的把控。无论是破碎还是不破碎，经过前处理的葡萄都要被投入发酵罐中。有一种观点认为泵的粗暴转动会吸入空气，让破碎后的葡萄汁液氧化，因此宁夏越来越多的酒庄在修建时采用“自然重力法”的布局，即前处理车间的位置高于酿造车间，这样就可以利用重力将葡萄投入发酵罐，尽量避免使用泵。

（二）干红葡萄酒的生产

宁夏生产干红葡萄酒大多会在将包含果肉、皮、籽的葡萄汁投入发酵罐后，在低温下保持一段时间后再启动发酵，以提取葡萄的果香和颜色，这一工艺称为“冷浸渍”。冷浸渍工艺的要点是温度一定要低（一般在 15℃以下），否则葡萄果实上附带的野生酵母会有发酵的风险，同时还要用二氧化碳干冰进行保护，以防止氧化。酿酒师会根据情况决定冷浸渍的温度和时间，但是一般不会超过 7 天。

冷浸渍完成后，会添加酵母启动发酵。由于红葡萄酒在酿造过程中需要提取葡萄中丰富的色素、单宁等物质，所以发酵温度较高，一般为 25℃～ 29℃，同时采取淋皮等措施让酒液和皮渣更充分地接触。

宁夏大部分酒庄在酒精发酵结束后，还会让皮渣和酒液接触一段时间，进行进一步的浸提，这个过程称为“后浸渍”。后浸渍的时间长短不一，要根据情况而定，避免浸渍过度，这需要酿酒师有非常丰富的经验。

在酒精发酵结束后，干红葡萄酒的酿造一般还需要进行苹果酸—乳酸发酵，即通过乳酸菌将葡萄酒中尖锐的苹果酸转化为口感柔和、复杂的乳酸，同时也增加了生物的稳定性。

（三）干白葡萄酒的生产

和生产干红葡萄酒不同的是，生产干白葡萄酒需要在除梗后立刻进行压榨取汁，然后用葡萄汁来发酵。目前宁夏的酒庄基本上都是使用气囊压榨机来进行压榨取汁。

气囊压榨机可以很好地控制压榨力度，以获得优质的葡萄汁。这些葡萄汁首先会被澄清，然后在大约 18℃的低温下发酵，以保留精致的果香。白葡萄酒的发酵一般在不锈钢发酵罐中进行，但是也有一些酒庄会选择在橡木桶中发酵。橡木桶会带给白葡萄酒更加肥硕丰富的口感和烘烤的香气，并增加其陈年能力，一般用于酿造高端产品。

干白葡萄酒的生产大多数不会进行苹果酸—乳酸发酵，但是极少数酿酒师会采用这一工艺，或者进行部分苹果酸—乳酸发酵，以获得更加复杂的香气。

（四）桃红葡萄酒的生产

在宁夏，桃红葡萄酒大多是用“放血法”生产的。这种方法其实是生产优质干红葡萄酒的一种特殊工艺，即在冷浸渍的时候放出一部分葡萄汁，这样酿成的干红葡萄酒风味会更加浓郁，而释放出的桃红色的果汁则被酿成桃红葡萄酒。这种桃红葡萄酒一般颜色较深，多为半甜型。

也有一些桃红葡萄酒是用压榨法生产的，即用红葡萄品种直接压榨取汁发酵，葡萄皮里的色素会有一部分进入酒液中，从而呈现桃红色。这种桃红葡萄酒一般颜色较浅，多为干型和半干型。

在酿造半干型、半甜型和甜型葡萄酒的时候，需要在中途打断发酵过程，以保留一部分残糖。酿酒师会根据需要的风格来决定何时中断发酵，但是工艺的处理需要十分小心，否则装瓶后会有再次发酵的风险。这样的方法被用来酿造桃红葡萄酒，也被用来酿造白葡萄酒，用雷司令、霞多丽、贵人香或玫瑰香酿成的半甜白葡萄酒在宁夏也很常见。

（五）其他类型葡萄酒的生产

1. 起泡葡萄酒

目前宁夏贺兰山东麓产区将起泡葡萄酒作为主打产品的酒庄只有轩尼诗夏桐酒庄，其他一些酒庄也有少量生产。宁夏生产起泡葡萄酒均采用传统酿造法，即瓶内二次发酵法。

第一次发酵产生基酒的过程和酿造干白葡萄酒的过程是一样的。第二次发酵是将酒液装瓶后添加糖、酵母、酵母营养剂等，然后用皇冠盖封瓶。这时，瓶内的酵母会代谢糖分并产生二氧化碳气体。发酵完成后，死亡的酵母沉淀在瓶内形成酒泥，需要通过转瓶的方式将酒泥聚集到瓶口。然后将瓶口部分冰冻，打开皇冠盖，瓶内的压力会把瓶口的酒液连同酒泥一起推出来，工人们把推出瓶外的酒泥除去，打上木塞，加上金属丝扣，再贴上标签就是最终的成品。

2. 白兰地

近年来，宁夏贺兰山东麓产区的一些酒庄逐渐开始大规模生产白兰地，如宁夏张裕龙谕酒庄、宁夏农垦国宾酒庄、中贺酒庄等，所酿造的白兰地产品在市场中均表现出卓越不凡的品质。大多数酒庄所生产的白兰地主要是以白玉霓葡萄为原料，经发酵、蒸馏、橡木桶陈酿、调配而成。一些酒庄还会使用枸杞、洋葱和水果等原料来酿造风格独特的白兰地。

白兰地的生产工艺主要有原酒的酿造、蒸馏和陈酿。原酒的酿造工艺分为原料、取汁、酒精发酵三个部分。在整个葡萄加工以及发酵、贮存期间不得使用二氧化硫等，因其在随后的蒸馏和陈酿过程中会产生一些硫醇类物质，导致酒液产生不良风味。蒸馏工艺在白兰地的生产过程中具有承前启后的作用，既可以保留品种香气及发酵香气，又能为陈酿时提供一定的前体芳香物质。因此蒸馏工艺可谓“得原酒之精华，奠陈酿芳香之基础”。常用的蒸馏方法有夏朗德壶式蒸馏法和塔式蒸馏法。壶式蒸馏法是间断式二次蒸馏，产品芳香物质较为丰富；塔式蒸馏法为连续式蒸馏，产品呈中性，乙醇纯度高。白兰地在陈酿过程中，单宁、醇类等物质氧化，酒液由无色逐渐变成金黄色至赤金黄色，香气变得丰富浓郁，口感更为柔和。

3. 冰酒

宁夏冬季气温下降很快，这为冰酒的生产创造了条件。宁夏产区生产冰酒的主要葡萄品种是威代尔，一般在 11 月底到 12 月初，当气温达到 −7℃以下时采收，此时的酿酒葡萄已经结冰。酒庄用冰葡萄压榨出的浓缩葡萄汁来酿酒，在获得满意的酒精度的同时，还可以保留较高的糖分。在宁夏酿造冰酒最重要的问题是埋土，因为如果采收时地面已经冻结，葡萄藤将无法顺利越冬。在宁夏所有的土壤类型中，最不易冻结的是风沙土，因此宁夏生产冰酒的葡萄基本上都种植于沙地。而且，如果过晚进行埋土，和其他葡萄品种同一时间迎春展藤，葡萄树经历的休眠时间过短，会让葡萄树过于劳损甚至过早死亡衰竭，所以有些酒庄会采用两块地交替年份酿造冰酒，或者隔年酿造冰酒，让葡萄树得到阶段性的休整。因此冰酒的成本十分高昂。

4. 自然酒

自然酒作为时下比较流行的葡萄酒类型之一，在宁夏贺兰山东麓产区并不多见。相比于传统酿造方法和生物动力法来说，自然酒更注重酿造的各种细节把控。为了最大限度地减少外界干预，自然酒的酿造过程大多为人工操作而非机器，比如采摘、破碎和压榨等，最大程度让葡萄顺其自然变成酒。

在酿造自然酒的过程中，不可加糖调节酸度，不可添加色素以及改善口感的添加剂，不可使用新橡木桶、橡木条、橡木片或其他添加液来为酒液增添风味，还应尽量避免澄清过滤等，从葡萄园到酿酒厂、从酿酒厂再到酒瓶、酒杯，自然酒几乎不受到任何化学制品或添加剂的影响（为了保证存储和运输中酒的质量，偶尔会在装瓶时使用极少量的二氧化硫）。因此，相比一般的葡萄酒，自然酒产量较低，在外观上稍显浑浊，而且它的果香更淡，酵母气息更浓。

5. 橙酒

橙酒是一种起源于格鲁吉亚的白葡萄酒。与多数白葡萄酒不同的是，橙酒在酿造的过程中压榨出来的果汁需要与葡萄皮和葡萄籽接触，这种接触使得葡萄酒颜色更深、香气更复杂、层次结构感突出。橙酒既具有红葡萄酒的复杂性和单宁，也保有白葡萄酒的清爽。酿造橙酒所使用的并不是常见的不锈钢桶或橡木桶，通常都是大型的陶制容器，这是为了使葡萄酒发酵时产生的热量冷却，为发酵的葡萄汁提供更加充沛的浸渍时间，增强葡萄酒的香气和口感。橙酒的口感鲜美可口，带有干果、香料和冰茶的味道。

三、葡萄酒的陈年

葡萄酒在陈年的过程中会发生改变，这是共知的事实。对于一些新鲜易饮型的葡萄酒来说，陈年或许无法带来更好的风味。但是对于优质的陈酿型葡萄酒来说，陈年是一个十分必要的过程。葡萄酒可以在陈年的过程中减少青涩味，发展出更加复杂的香气，同时让单宁变得更加细致。

（一）在橡木桶中陈年

在装瓶前最重要的陈年过程是在橡木桶中进行的。橡木桶最初只是一个容器，当人们发现放在橡木桶里的葡萄酒变得更好喝之后，就开始刻意用它来储存葡萄酒。直到今天，橡木桶储存已经成为葡萄酒酿造过程中的重要工艺。酿酒师要选择不同材质和不同烘烤程度的橡木桶，在放入酒液后还要经常留意它的状态，以决定出桶的时间。

在宁夏贺兰山东麓产区经常使用的橡木桶是法国橡木桶，酿酒师不仅用橡木桶对葡萄酒进行陈酿，甚至直接在橡木桶中进行酒精发酵或苹果酸—乳酸发酵。一般来说，橡木桶可以为葡萄酒带来更多烘烤、焦糖、烟熏、咖啡、巧克力等香气，其微氧的环境可以让葡萄酒缓慢成熟，单宁更加细腻。一般橡木桶只会使用三次，使用过的橡木桶为葡萄酒带来的香气会逐渐减弱。

（二）在惰性容器中陈年

不锈钢罐也可以用来储存葡萄酒，虽然不锈钢罐本身不能为葡萄酒带来更多的风味，但是可以保持葡萄酒原本的特色和清新自然的风格。储存在不锈钢罐中的葡萄酒氧化的速度较为稳定，也有利于酿酒师掌握酒的状态。

宁夏的个别酒庄还会使用另一种容器来陈酿葡萄酒，就是陶罐，具有代表性的是龙驿酒庄和源点酒庄。陶罐不会给葡萄酒带来更多风味物质，它和不锈钢罐的区别是，陶罐的罐壁具有轻微透氧的作用。宁夏贺兰山东麓产区对于陶罐的使用目前还处于探索阶段，在陶罐中陈年的葡萄酒究竟会如何变化，还需要更长的时间来观察。

（三）在瓶中陈年

许多优质的葡萄酒灌装进玻璃瓶之后，还需要再储存一段时间才能达到巅峰，这个过程称为“瓶储”。刚刚酿成的葡萄酒，其中的花香、果香和香料味还并不能很好地融合在一起，经过适当的瓶储之后，葡萄酒的香气会更加自然，同时还会增加一些陈酿的气味，让葡萄酒的香气更加复杂，单宁也变得更加柔顺。

对于刚经过橡木桶储存的葡萄酒来说，瓶储更有必要，因为这时候橡木的气味往往过于发散，掩盖了其他的香味。经过数个月的瓶储之后，橡木气味逐渐收敛，花香和果香味会更加明显。

技能实训

实训 1：品鉴

品酒款，描述其外观、香气、口感和风味等方面的特征，撰写品酒辞，并对葡萄酒的品质做出评价；在此基础上，尝试分析每款葡萄酒的酿造工艺，并阐述理由。

实训 2：参观酒庄

参观酒庄或知名的葡萄酒酿造工厂，了解葡萄的储存和处理方法，观察设备和生产线，与酒庄员工交流，了解工艺和技术；返校后，请以小组为单位复盘参观过程和参观感受。

反馈评价

评价内容	评价标准	自评	互评	师评
出勤 10%	按时出勤，未有无故迟到、早退、旷课现象。			
课堂学习 10%	积极投入理论学习，踊跃参与课堂互动。			
实训 1 品鉴 40%	葡萄酒品鉴技巧：能够使用专业术语对葡萄酒的视觉、嗅觉和味觉等方面做出评价。			
	品鉴笔记：能够详细记录葡萄酒的品鉴笔记（包括视觉、嗅觉、味觉和总结等）；笔记准确、清晰、有条理。			
	品鉴表达能力：在口头表达中，能够使用专业术语和形容词流畅、自信地描述品鉴感受；在书面表达中，能够以清晰、连贯的方式传达品鉴观点。			
	品鉴准确性：品鉴评价能够准确反映葡萄酒的特点，能够尝试通过葡萄的特征分析每款葡萄酒的酿造工艺及其风味。			
	专业素养：实训过程中，表现出专业的态度、独立思考和对葡萄酒领域的热情。			
实训 2 汇报展示 40%	内容准确性：能够提供准确的葡萄酒文化信息和相关数据。			
	深度和广度：深入研究并呈现了葡萄酒款的多个方面，包括酒瓶、酒标、生产工艺、产地特征、食物搭配等。			
	清晰性和逻辑性：展示结构清晰，逻辑严谨，易于理解。			
	沟通能力：对于口头展示，表述清晰且能够使用适当的语言和语调。			
	吸引力和兴趣：能够使用生动的例子、图片或多媒体元素引起听众或读者的兴趣。			
	反馈和互动：口头展示时，能够回应听众的问题和反馈，与听众互动，并展现对听众的关注和尊重。			

项目小结

本项目中，我们深入研究了葡萄酒的生产过程，内容涵盖了葡萄园的四季、酒庄的功能分区以及葡萄酒的生产工艺。通过理论学习和实际操作，我们对葡萄的种植、酒的酿造和陈年有了深刻的理解。这一项目中，我们谈到了葡萄园四季的管理，了解了每个季节对葡萄生长和成熟的影响，以及如何在不同的季节中采取适当的措施保证葡萄的品质；介绍了酒庄的不同功能分区，从葡萄的采收、发酵再到陈年，每个区域都有其独特的任务和工艺，对最终葡萄酒的风味产生重要影响。最后，我们近距离观察了葡萄酒的生产工艺，包括葡萄的处理、发酵、澄清、陈年等关键步骤，以及这些步骤与葡萄酒最终风味呈现之间的联系。

在技能实训环节，我们通过葡萄酒品鉴、参观酿酒工厂，既提高了对葡萄酒风味的敏感性，也学习了与葡萄酒行业相关的知识与技能。

知识园地 · 中国故事

时间煮酒，岁月飘香

据《史记·大宛列传》记载，西汉建元三年（公元前 138 年）张骞奉汉武帝之命，出使西域，看到“宛左右以蒲陶为酒，富人藏酒至万馀石，久者数十岁不败”。随后，“汉使取其实来，于是天子始种苜蓿、蒲陶……”可知西汉中期，中原地区的农民已得知葡萄可以酿酒，并将欧亚种葡萄引进中原。宁夏地区有文字记载的葡萄种植并酿酒的证明是唐代僧人贯休的诗句，他在描写塞上生活的诗中明确提到了葡萄和葡萄酒，如“赤落蒲桃叶，香微甘草花”“蒲萄酒白雕腊红，苜蓿根甜沙鼠出”。可见至少在 1000 多年前，宁夏地区就已经有种植葡萄和酿造葡萄酒的历史了。

千年前的诗句让时空流转，诉说着宁夏葡萄种植的悠久历史，而宁夏葡萄种植和葡萄酒酿造成为一个产业却起步于 20 世纪 80 年代。在近 40 年的发展历程中，发生了许多值得铭记的事件，它们都在不同程度上推动了整个产区的进步和壮大。如今，贺兰山东麓葡萄酒已经成为世界葡萄酒版图中不可忽视的力量。

1997 年，由宁夏回族自治区政府和西北农业大学共同主办的全国葡萄协会“第四次全国葡萄科学讨论会”在银川召开，国内外专家云集，会上总结提出：“毫无疑问，它是我国生产优质葡萄和葡萄酒的最佳生态区之一。”这为宁夏大规模发展葡萄酒产业提供了科学理论依据。

2003 年，中国国家质量监督检验检疫总局正式批准对贺兰山东麓葡萄酒实施原产地域保护。贺兰山东麓成为中国第一批获得“原产地域保护产品”（2005 年改名为“地理标志保护产品”）的三个葡萄酒产区之一。

2011 年，贺兰晴雪酒庄的“加贝兰 2009 特别珍藏”获得品醇客世界葡萄酒大奖赛（Decanter World Wine Awards）最高奖项——国际大奖，开启了宁夏葡萄酒走向世界的征程。

2013 年是宁夏贺兰山东麓产区发展劲头十足的一年：5 月 10 日，宁夏大学葡萄酒学院成立，成为中国第一所建在葡萄酒产区的葡萄酒学院。《宁夏贺兰山东麓葡萄酒产区列级酒庄评定管理暂行办法》发布实施，贺兰山东麓进入酒庄列级管理时代。同年，贺兰山东麓产区推出贺兰山东麓葡萄酒节、国际葡萄与葡萄酒组织（OIV）学术会议、中法葡萄酒设备技术展览会、世界酿酒师贺兰山东麓邀请赛。

宁夏产区被编入英国休·约翰逊和杰西斯·罗宾逊合著的《世界葡萄酒地图》（第七版）。美国《纽约时报》评选的“2013 年全球必去的 46 个最佳旅游地”中，宁夏的入选理由是“在宁夏可以酿造出中国最好的葡萄酒”。

2016 年和 2020 年，习近平总书记两次到宁夏视察，为宁夏贺兰山东麓葡萄酒产区发展指明方向。2016 年 7 月，习近平总书记到宁夏视察时指出：中国葡萄酒市场潜力巨大，贺兰山东麓酿酒葡萄品质优良，宁夏葡萄酒很有市场潜力，综合开发酿酒葡萄产业，路子是对的，要坚持走下去。在 2016 年，习近平总书记赴宁夏视察时就指出，综合开发酿酒葡萄产业，路子是对的，要坚持走下去。此次在宁夏考察，总书记强调，建立现代农业产业体系、生产体系、经营体系，让更多宁夏特色农产品走向市场。2020 年，习近平总书记在宁夏考察时强调，随着人民生活水平不断提高，葡萄酒产业大有前景。宁夏要把发展葡萄酒产业同加强黄河滩区治理、加强生态恢复结合起来，提高技术水平，增加文化内涵，加强宣传推介，打造自己的知名品牌，提高附加值和综合效益。宁夏葡萄酒产业是中国葡萄酒产业发展的一个缩影，假以时日，可能 10 年、20 年后，中国葡萄酒“当惊世界殊”。

2021 年，国务院批准了《宁夏国家葡萄及葡萄酒产业开放发展综合试验区建设总体方案》，由农业农村部、工业和信息化部、宁夏回族自治区人民政府共同印发。这是全国首个特色产业开放发展综合试验区，也是国务院批准设立的全国第二个、西部第一个国家级农业类开放试验区。7 月 10 日，宁夏国家葡萄及葡萄酒产业开放发展综合试验区正式挂牌成立。宁夏葡萄酒产业发展进入“国家层面”。9 月 25 日—27 日，首届中国（宁夏）国际葡萄酒文化旅游博览会在宁夏成功举办。在博览会举办期间，公布了宁夏贺兰山东麓产区第五次列级酒庄评定结果。至此，宁夏贺兰山东麓列级酒庄已达 57 家。

2021 年，全球葡萄酒旅游组织（GWTO）授予宁夏“全球葡萄酒旅游目的地”称号。

项目七 风味品鉴之中国葡萄酒产区概况

项目导学

项目导语

◆ 在葡萄酒的世界中，中国正悄然崭露头角，成为全球葡萄酒产业的重要一员。葡萄酒不仅是一种美味的饮品，更是一个蓬勃发展的行业，融合了传统文化、现代技术和独特风味。如今，中国不仅生产传统的葡萄酒，还在不断尝试新的品种和风格。这种多样性使得中国葡萄酒更具竞争力，满足了不同消费者的口味和需求。随着葡萄园管理和酿造技术不断提升，中国葡萄酒在国际葡萄酒大赛中频频获奖。值得注意的是，一些葡萄酒产区已经成为旅游胜地，吸引了国内外游客前来参观和品尝葡萄酒。这不仅有助于提高产区的知名度，也增加了葡萄酒销售的机会。

◆ 本项目将融合之前所学，从葡萄酒产业的视角，引导大家了解中国葡萄酒的消费市场；以中国葡萄酒产区为例，展示不同地理特点、气候条件和土壤等条件下的葡萄酒特征，从而加深大家对葡萄酒产地、品质和风格的理解。

知识目标

◆ 了解中国葡萄酒产业的发展现状，包括种植面积、产量和消费情况。

◆ 掌握中国葡萄酒产业的发展趋势，包括投资动向、与文化旅游产业的对接趋势。

◆ 了解中国各个葡萄酒产区的自然地理概况，包括地理位置、气候条件和土壤特点。

◆ 掌握中国各个葡萄酒产区的特色品种和风味特点。

能力目标

◆ 能够分析和解释中国葡萄酒产业的统计数据，理解其发展趋势和影响因素。

◆ 能够根据中国各个葡萄酒产区的地理特点，理解其出产葡萄酒的风味。

◆ 初具识别中国葡萄酒产区特色的品鉴能力，包括品种辨识和风味描述。

素养目标

◆ 通过了解中国葡萄酒产区的概况，增强对中国葡萄酒文化的自信，认识到中国在世界葡萄酒产业中的重要地位。

◆ 通过探索中国葡萄酒产业的发展趋势，激发创新精神，鼓励大家为中国葡萄酒的未来做出贡献。

◆ 强调中国葡萄酒产区的独特文化和自然地理特点，提高文化传承和文化保护意识。

情境导入

假设你是一家高级餐厅的侍酒师，你的任务是为客人提供独特的葡萄酒体验。今晚，一位来自国外的客人走进了餐厅，他表达了对中国葡萄酒的浓厚兴趣。客人希望你能推荐一款出色的中国葡萄酒，同时也想了解更多关于中国葡萄酒产区的信息。

你意识到，要为这位客人提供卓越的服务，不仅需要了解中国葡萄酒的风味特点，还需要深入了解中国各个葡萄酒产区的背景和特色。于是，你决定开启一段旅程，带领客人探索中国葡萄酒的奇妙世界，从北方的宁夏到东部的山东，再到遥远的新疆，带领客人品味每个产区的葡萄酒，感受其独特之处，同时分享产区的历史、地理、气候和土壤特点。

知识精讲

一、我国葡萄酒产业发展现状

（一）葡萄种植面积

20 世纪 80 年代以来，我国葡萄的种植面积呈现波动增长趋势。1980—1990 年，我国葡萄种植面积在 31.6 千公顷的基础上缓慢发展；1991—2003 年，葡萄产业规模逐渐发展壮大，2003 年种植面积达 420.83 千公顷，之后略有回落；2007—2015 年快速增长，2015 年葡萄种植面积为 716.41 千公顷；2016—2021 年趋于平稳，并略有增幅，种植面积稳定在 700 余千公顷；2022 年种植面积为 726.3 千公顷。

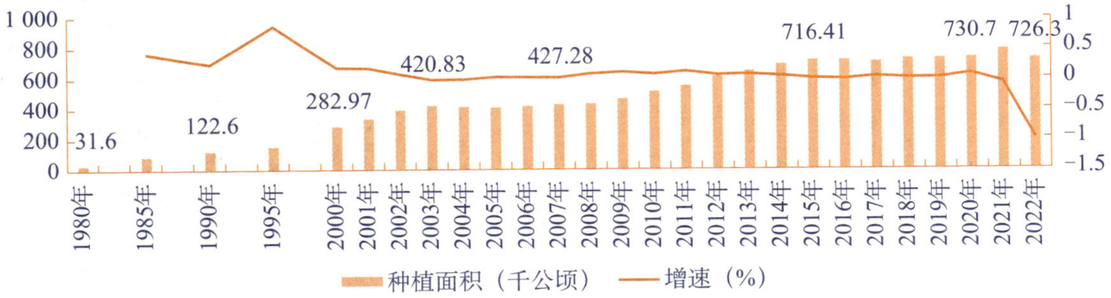

1980—2022年我国葡萄种植面积及增速（数据来源：国家统计局）

（二）葡萄酒产量状况

据统计数据，2022 年我国的葡萄酒生产总量已从全球排名第 6 位跌至第 17 位。我国的葡萄酒总产量从 2012 年的产量最高峰 13.816 亿升一路跌至 2022 年的 2.14 亿升，葡萄酒产量和最高峰时相比不到 1/6。

（三）消费状况

随着生活水平的提高，人们对红酒的需求逐年提升，我国人均红酒消费呈现缓慢上升的态势。2018 年我国红酒消费量 193.77 万千升，较上年增加 11.42 万千升，同比增长 6.26%；2019 年我国红酒消费量 206.62 万千升，较上年增加 12.85 万千升，同比增长 6.63%。

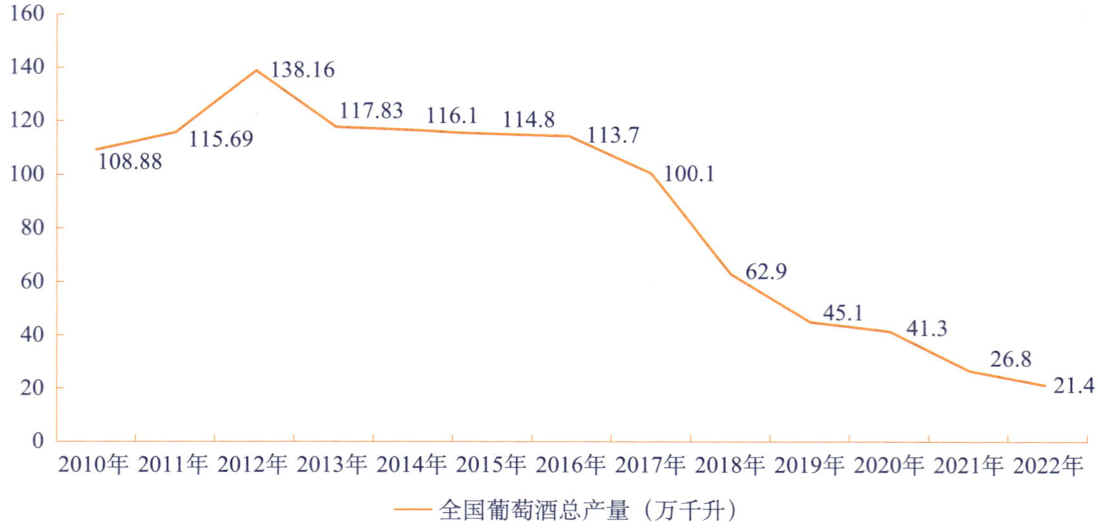

2010—2022年我国葡萄酒累计产量（数据来源：中国统计局，葡萄酒资讯网）

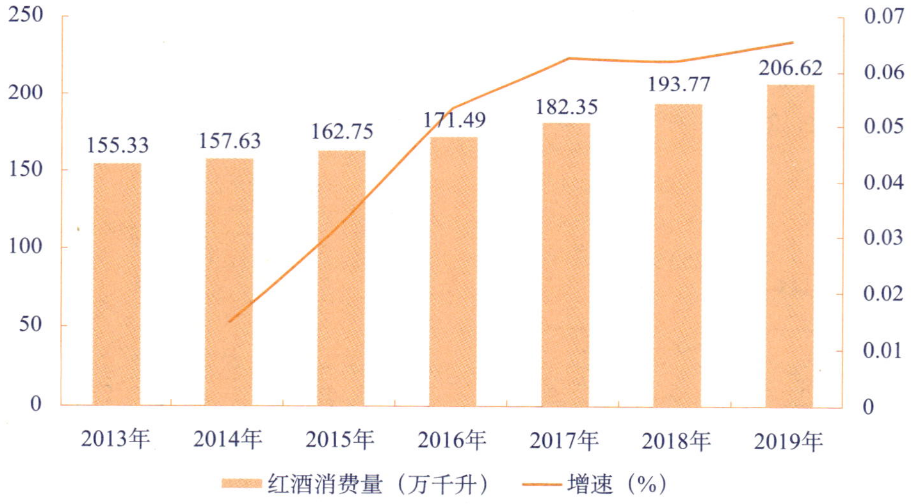

2013—2019 中国葡萄酒消费量（数据来源：智研咨询）

（四）供需现状

葡萄酒经由“丝绸之路”传入中国，一直是中西方经贸和文化交流的重要载体。目前我国葡萄酒生产涉及 26 个省、自治区、直辖市，主要产区分布在新疆、宁夏、山东等地区。但从近几年产量来看，从 2013 年以来，中国葡萄酒产量已经连续 9 年下降，主要受到进口葡萄酒大幅进军中国市场，蚕食国产企业市场份额，叠加中国传统的酒桌文化，白酒更加盛行，同时酿酒葡萄投入高、收入低，农户种植积极性下降，没有充足的资金去提高葡萄品质等因素影响。

目前，我国仍未能形成浓厚的葡萄酒消费氛围，大多数消费者尚未养成经常饮用葡萄酒的习惯，导致行业抵抗风险能力偏弱。近两年来，在国际形势的冲击下，我国葡萄酒需求量大幅下滑，到 2022 年 1—7 月葡萄酒需求量仅为 32.5 万千升。

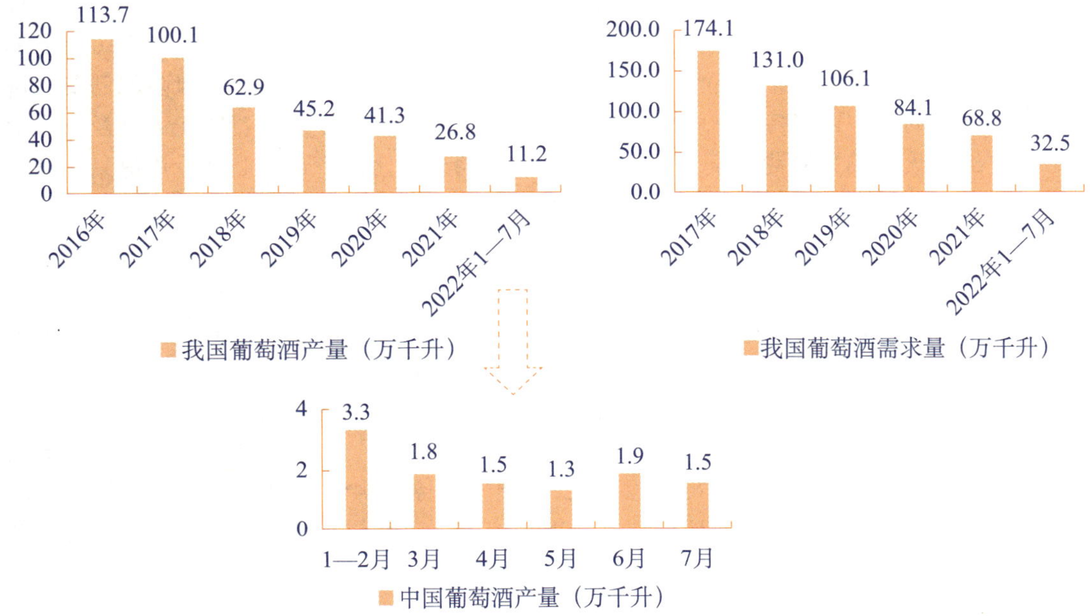

我国葡萄酒供需现状（数据来源：智研咨询）

（五）营收与利润

近几年，受国内经济增速放缓以及替代品强势挤压等各种因素影响，葡萄酒市场竞争十分激烈，国内大量葡萄酒生产经营企业处于亏损边缘，部分葡萄酒企业甚至被市场淘汰。2022 年我国葡萄酒行业的营业收入为 91.9 亿元，与上年同期相比下降 2.9%；利润为 3.4 亿元，与上年同期相比下降 9.9%。

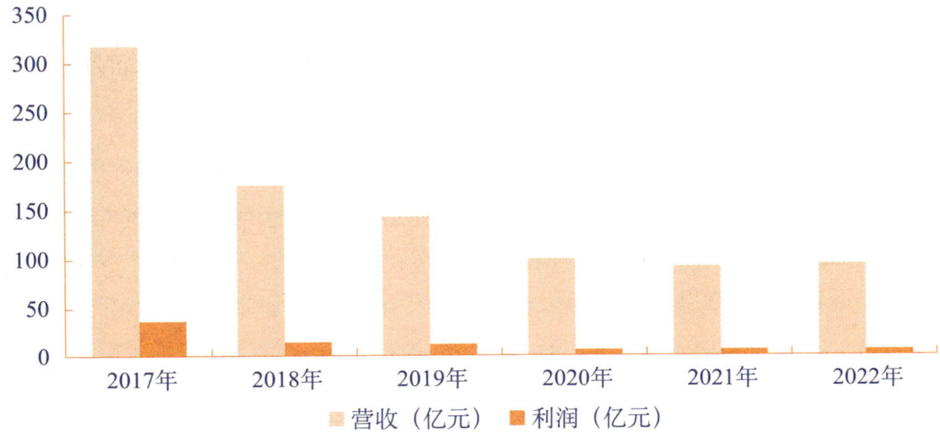

2017—2022年我国葡萄酒营收与利润（数据来源：华经产业研究院）

二、我国葡萄酒产业发展趋势

（一）投资趋势

总体来看，未来几年内，我国葡萄酒产业将迎来挑战和机遇并存的时代，发展、投资潜力巨大。我国葡萄酒行业产销方面持续探底，考虑到外有进口酒涌入，内有厉行节约等政策，葡萄酒行业的调整阵痛仍在持续。由于其他行业企业转型和分散风险的需要，进入葡萄酒行业的资本还将持续一段时期。我国葡萄酒市场将从政务消费转向大众及家庭消费，中低价酒款将成为消费主流，中低端的进口葡萄酒相比国产葡萄酒性价比更高，竞争优势明显。

（二）文化旅游产业的对接趋势

近年来，很多国内比较著名的葡萄酒产区逐步开始打造葡萄酒文化旅游，譬如秦皇岛大力发展葡萄酒休闲旅游产业；山东、河北、新疆、甘肃、宁夏等产区相继开发了葡萄酒旅游产品及节庆活动，如河北秦皇岛昌黎华夏庄园、甘肃紫轩葡萄酒庄、张裕爱斐堡国际酒庄、张裕摩塞尔十五世酒庄等均开发成为国家4A级以上的旅游景区；北京龙徽酿酒有限公司工业园、宁夏玉泉营葡萄酿酒基地、秦皇岛朗格斯酒庄等成为全国工业旅游示范点；新疆吐鲁番葡萄沟、山东枣庄抱犊固—熊耳山洪门葡萄村等主要以全国农业示范点来开发葡萄酒旅游。

三、我国葡萄酒产区自然地理概况

（一）我国葡萄酒产区自然地理的特点

全球主要的葡萄酒产区基本位于南北纬30°～50° 的温带地区。在我国主要位于暖温带、中温带地区，另外亚热带也有分布，为半湿润、半干旱、干旱及湿润气候，多数地区雨量适中（或有灌溉水源）、光照充足。土壤以干旱土、漠土、钙层土、淋溶土、半淋溶土为主，地带性土壤包括半湿润地区的棕壤、褐土，半干旱地区的黑钙土、栗钙土，干旱地区的灰钙土等，非地带性土壤有灌淤土、盐碱土、白浆土等，这些土壤基本具有良好的排水性和透气性，具有一定的肥力。地形以中山、低山、丘陵、谷地、平川地、滩地等为主。由于地理环境和经济发展水平的差异，我国葡萄产区分布着各具特色的葡萄种植和葡萄酒产地。

（二）我国葡萄酒主要产区自然地理概况

我国幅员辽阔，自然、地理种类多样，但条块分割下的跨行政区域的生态条件难以在现实中联合，因此我国的葡萄酒产区一直缺少统一的划分标准。几年前一直比较流行九大产区的说法，近年又以行政区划区别产区的较多。下面选取行政区划为标准介绍我国葡萄酒产区。

1. 宁夏产区

宁夏贺兰山东麓葡萄酒产区位于宁夏黄河冲积平原和贺兰山冲积扇之间，西靠贺兰山脉，东临黄河，北接石嘴山，南至红寺堡，共涉及石嘴山市、银川市、青铜峡市、红寺堡区四个产业市县（区）及农垦系统，区域总面积 20 多万公顷。

宁夏贺兰山东麓属于大陆性干旱半干旱气候，平均海拔 1000 米以上，产区的全生育期积温（≥ 10℃）在 3400℃～ 3800℃，气温日均差在 12℃～ 15℃，降水量在 150 ～ 240 毫米，日照时数在 1700 ～ 2000 小时，无霜期为 160 ～ 180 天。贺兰山东麓葡萄酒产区土壤成土母质，以冲积物为主，土壤含有砾石、砂粒，土质透气性佳，土壤以淡灰钙土为主，含有风沙土和灌淤土，土层厚度为 40 ～ 100 毫米，pH 值在 7.5 ～ 8.7。有机质含量相对低，土壤表面为沙面多孔，下层土质松软，保水保墒，适合酿酒葡萄生长。

截至 2019 年年底，全区葡萄种植面积达到 49.6 万亩，占全国的 1/4，是全国最大的酿酒葡萄集中连片产区，现有酒庄 200 多家，年产葡萄酒约 1.3 亿瓶。目前主要栽培品种有赤霞珠、梅洛、蛇龙珠、黑皮诺、马瑟兰、品丽珠、西拉、霞多丽、贵人香等。宁夏贺兰山东麓葡萄酒已成为宁夏耀眼的“新兴地标”和“紫色名片”。

宁夏产区

2. 山东产区

山东省位于中国东部沿海、黄河下游。境域包括半岛和内陆两部分，东部葡萄种植区缓丘起伏，形成以山地丘陵为骨架、平原盆地交错环列其间的地形。产区属于暖温带季风气候类型，降水集中，雨热同季，春秋短暂，冬夏较长。

产区年平均气温 11℃～ 14℃，全年无霜期由东北沿海向西南递增，鲁北和胶东一般为 180 天，鲁西南地区可达 220 天。光照资源充足，光照时数年均 2290 ～ 2890 小时，年平均降水量一般在 550 ～ 950 毫米，由东南向西北递减。土壤类型多样，主要有潮土、棕壤、褐土等，降水量丰富，比较适合种植酿酒葡萄。

截至 2015 年年底，山东省酿酒葡萄栽培面积为 25.13 万亩，主要集中在胶东半岛地区，是集农业种植、酿造加工、休闲旅游和文化推广于一体的“新六产”朝阳产业。目前，产区主栽品种为赤霞珠、蛇龙珠、梅洛、品丽珠、西拉、烟 73、烟 74、紫大夫、小味儿多、马瑟兰、桑娇维塞、宝石、维欧尼、公酿 1 号、北醇等。白色酿酒葡萄品种约占 25%，主栽白色品种为贵人香、霞多丽，还有威代尔、雷司令、小芒森等。

山东产区

3. 新疆产区

新疆产区种植葡萄有明确文字记载的历史超过 2000 年。这里光热条件优越，土地资源丰富。近年来，酿酒葡萄种植面积增加迅速，形成了天山北坡的玛纳斯盆地产区，以及南坡的焉耆盆地产区，另外在东部的吐鲁番以及西部边境的伊犁也有集中的酿酒葡萄园。

新疆产区远离海洋，深居内陆，以温带大陆性气候为主，而天山成功阻隔北方吹来的寒冷空气，由此以天山为界，北疆属于中温带，南疆属于暖温带。新疆地区昼夜温差大，尤其是吐鲁番盆地最高温度可达 50℃，日照时间长，降水量少，全年平均降雨量在 150 毫米左右，属于干旱性地区。

新疆产区

近年来，随着大量投资的引入，新疆产区的酒款也在国内外屡获荣誉。新疆产区种植有大量鲜食葡萄，但近几十年开始大量引入酿酒葡萄，目前主栽品种有赤霞珠、梅洛、蛇龙珠、佳美、霞多丽、雷司令等。

4. 甘肃产区

甘肃产区位于河西走廊东部，是我国优质酿酒葡萄生产区域，重要葡萄产地包括武威、张掖、古浪、民勤等地。该地区可供开发种植的沙荒地和戈壁滩很多，为发展葡萄产业提供了充足的土地资源。

河西走廊的葡萄产区都处在沙漠沿线的戈壁荒漠区，土壤为灰钙土、荒漠土、灰棕土和棕漠土，矿质元素（包括微量元素）非常丰富，且土壤结构疏松，空隙度大，有利于葡萄根系生长。河西走廊日照时数在 3000 小时以上，葡萄穗大粒大，着色非常好，葡萄酒香气浓郁。有效积温高（1500 小时以上），昼夜温差大（15℃以上），有利于糖分结晶和积累，糖酸比处于优良状态。气候非常干燥，可抑制葡萄病虫害的发生频率，同时，依靠无污染的祁连山雪水和地下井水灌溉，进一步保证了葡萄品质。

经过几十年的发展，甘肃产区已经形成了以武威为龙头，张掖、嘉峪关、敦煌为链接的产业基地。酿酒葡萄种植面积一度超过 30 万亩，葡萄酒产能约 13 万吨，葡萄酒生产企业销售收入达到十多亿元，河西地区引种栽培的酿酒葡萄多以欧亚产中早熟、中晚熟品种为主，如霞多丽、法国兰、黑皮诺、梅洛、贵人香、品丽珠、赤霞珠等。

甘肃产区

5. 河北产区

河北省酿酒历史悠久，地处中纬度沿海与内陆交接地带，地势西北高、东南低。从西北向东南呈半环状逐级下降。高原、山地、丘陵、盆地、平原类型齐全。河北省主要的葡萄种植基地集中在出产了中国第一瓶干型白葡萄酒的沙城产区和出产了中国第一瓶干型红葡萄酒的昌黎产区。

河北的碣石山产区（昌黎）地处河北省东北部，东临渤海，北依燕山，西南挟滦河。地势由西北向东南倾斜。地貌有山地丘陵、山麓平原、滨海平原。碣石山产区境内的土壤呈多样性。北方低山、丘陵地带的褐土粗砂含量大，夹有石砾。土质较为疏松，含钾丰富；山前平原及铁路沿线的褐土，土层深厚。碣石山产区属于我国东部季风区、暖温带、半湿润大陆性气候。日照充足、四季分明，秋季延续时间长，无霜期长，水热系数小。年总日照时数 2809.3 小时。年平均气温 11℃，无霜期 186 天，年平均降水 538.33 毫米。

怀来县（沙城产区）最早的现代化葡萄酒生产始于 1976 年，是由沙城酒厂生产的。同时怀来县也是 1979 年创立的长城桑干酒庄所在地，1979 年独自研制了第一瓶干型红葡萄酒，1986 年完成了“香槟法起泡葡萄酒生产技术开发”项目，1997 年研制成功 V.S.O.P 白兰地。

产区主栽品种有赤霞珠、马瑟兰、西拉、品丽珠、蛇龙珠、梅洛、佳美、霞多丽、白玉霓、雷司令、长相思、琼瑶浆等。鲜食及酿酒品种兼用的还有玫瑰香和龙眼等。产区现有葡萄基地 10 万亩，葡萄总加工能力约 14 万吨。

河北产区

6. 北京产区

北京酿酒葡萄种植区位于北京西南，总面积 2100 多平方千米，平原、丘陵、山区各占三分之一。北京酿造葡萄酒的历史可以追溯到 100 多年前，目前主要子产区为房山区、延庆区、密云区。该地区土地资源紧张，酒庄规模往往很小，但却是开展葡萄酒旅游的理想产区。

北京年平均气温 12.7℃，平均无霜期 202 天，年降雨量 562.7 毫米，年日照时数 2284 小时。北京产区拥有北京最大的山前暖区资源，具有昼夜温差大、升温快、阳光照射充足，成土母质多样，土壤有机质、矿物质含量丰富、透气性良好等特点，适宜酿酒葡萄栽植的区域多但分散。

北京产区酒庄是开展葡萄酒旅游的理想产区。其旅游资源丰富，境内有横跨北京、河北两地的中国房山世界地质公园，有中国华北地区最古老的原始次生林上方山国家森林公园；房山是“北京城之源”，琉璃河西周燕都遗址被誉为北京城的发源地。目前北京产区主栽品种为赤霞珠、梅洛、霞多丽、雷司令等。

北京产区

7. 天津产区

天津产区位于华北平原东北部，东临渤海，北靠燕山。天津栽培地区有北辰区、武清区、滨海新区、宁河区、蓟州区等地。气候方面，产区主要受季风环流的支配，是东亚季风盛行的地区，属暖温带半湿润大陆季风型气候。四季分明，春季多风，干旱少雨；夏季炎热，雨水集中；秋季气爽，冷暖适中；冬季寒冷，干燥少雪，光、热、水、气资源丰富。土壤质地方面，该地土壤质地变化较大，由滨海的盐碱黏土，中部的沙土、沙壤土到蓟县山区富含石砾的淋溶褐土、潮褐土等构成。年平均气温 11.5℃，年活动积温（≥ 10℃）3700℃～ 4200℃，年日照时数 2600 小时左右，无霜期约 195 天，年平均降水量在 500 ～ 678 毫米。

天津产区

天津有栽培葡萄的传统，该地区的茶淀出产的玫瑰香闻名全国。我国改革开放之初建成的第一家中外合资企业——中法合营王朝葡萄酿酒有限公司，就是利用这里的玫瑰香开始酿造葡萄酒的。产区目前主要栽植赤霞珠、梅洛、品丽珠、贵人香、霞多丽、白玉霓、玫瑰香等品种。

8. 山西产区

山西省因居太行山之西而得名，位于黄河中游，华北平原西面的黄土高原上。省境四周山环水绕，东依太行山，西、南依吕梁山、黄河，北依古长城。山西产区主要包括太原南部的清徐、太谷两县和临汾西部的乡宁县。

山西产区位于大陆东岸的内陆，属于温带季风气候，外缘有山脉环绕，难于受海风的影响，气候表现出较强的大陆性。年平均气温 4℃～11℃，年活动积温（≥10℃）3000℃～3500℃，年日照时数 2500～2600 小时，年平均降水量 500 毫米左右。主要土壤类型为壤土、沙壤土、含砾石。同时，由于内蒙古冬季冷气团的侵袭，北部比较寒冷，冬季长而寒冷干燥；夏季短而炎热多雨；春季日温差大，风沙多；秋季短暂，气候温和。日照时间长，昼夜温差大，相对无霜期短，需要埋土过冬。

山西产区主要种植的葡萄品种为赤霞珠、梅洛、品丽珠、霞多丽、白诗南、贵人香、长相思等。

山西产区

9. 陕西产区

陕西省位于西北地区东部的黄河中游，陕西地貌总的特点是南北高、中间低、西北高、东南低，以北山、秦岭为界，形成陕北黄土高原、关中平原和陕南秦巴山地三个各具特点的自然区。目前陕西省葡萄的主要种植区集中在渭北高原、关中及延安、榆林地区。

陕北黄土高原沟壑纵横，塬、梁、峁交错。秦岭呈东西走向，为我国南、北方的分界线。巴山位于陕西最南部，呈西北—东南走向。秦岭、巴山之间形成了汉中和安康盆地。陕西的河流以秦岭为分水岭，分属黄河、长江两大水系。陕西属大陆季风性气候，各地的年平均气温在 7℃～ 16℃，年活动积温（≥ 10℃）3000℃～ 3800℃，年降水量 300 ～ 700 毫米，南部偏多，北部偏少。由于受季风的影响，冬冷夏热、四季分明。

陕西种植葡萄和酿制葡萄酒的历史悠久。唐朝时期，陕西的葡萄种植和葡萄酒的酿造就很繁盛。据考证，今天的渭北旱塬产区就是唐代李世民的皇家葡萄园林所在地。种植品种多为国际品种，主要为赤霞珠、梅洛、品丽珠、霞多丽、雷司令等。截至 2018 年，陕西省已注册运营的葡萄酒企业达 42 家。

陕西产区

10. 东北产区

东北产区作为中国位置最偏北的产区，主要位于吉林省、辽宁省，主要集中在吉林通化地区、辽宁桓仁地区。产区三面环山，中部为广阔的平原地区，属于温带湿润、半湿润大陆性季风气候。冬季严寒，最低温度达 -40℃，降水量 650 毫米，土壤肥沃，主要为黑钙土，土质松软，结构均衡，利于水分渗透，促进葡萄根部对水分吸收，同时便于葡萄根部的保温和透气。

东北产区地理位置与世界冰酒之国加拿大纬度相同，具备冰葡萄生长所需的“冰雪、湖泊、阳光”三大理想要素，是公认的冰酒生产绝佳地带。桓仁与通化属中温带大陆性季风气候，四季分明。平均无霜期 150 天，平均温度 6.3℃，最高气温 34.9℃，最低气温零下 27.3℃。平均活动积温 3187℃，年平均相对湿度 66%，平均日照时数 2197.1 小时，平均降水量 870 毫米。土壤主要为棕壤土，平均 pH 值为 5.8 ～ 6.5，土壤有机质平均含量为 3% 左右。

桓仁、通化葡萄酒产业始于 2001 年，目前冰葡萄种植基地 1 万余亩，冰葡萄酒占世界总产量的一半以上，年产冰酒约 1500 吨。东北产区最具特色的就是山葡萄，同时长白山野生山葡萄也是这里的主要种植品种。除此之外还有赤霞珠、霞多丽、威代尔、雷司令、品丽珠等。

东北产区

11. 内蒙古产区

内蒙古产区酿酒葡萄栽培集中于西部乌海地区、中东部包头地区。内蒙古葡萄种植历史已有200多年，中华人民共和国成立前多为零星栽培，中华人民共和国成立后，特别是近年伴随着内蒙古防沙治沙工程，葡萄栽培产业得到了飞速发展，形成了一定规模的葡萄生产基地。

内蒙古产区

内蒙古产区属半湿润的中温带季风气候，东部为半湿润地带，西部为半干旱地带，昼夜温差大。常年受极地气团和海洋气团的交替影响，属温带大陆性气候。冬季干冷，降水少；春季干旱，风沙大；夏季炎热，雨水较多；秋季天晴气爽。日照时间长，昼夜温差大，平均积温高，无霜期长。年平均气温9.2℃，全年日平均气温稳定通过10℃以上的有效积温为3666.6℃。年平均降水量为162毫米。无霜期平均156～165天。年平均日照3000～3200小时，水、土、光、热资源丰富，适合葡萄种植，有“葡萄之乡”的美称。

内蒙古产区主要种植的酿酒葡萄品种有赤霞珠、品丽珠、蛇龙珠、梅洛、西拉、霞多丽、雷司令、贵人香等。

12. 云南产区

云南的葡萄种植历史悠久。1848 年，就有欧洲传教士种植葡萄，近代又陆续从法国引进多个酿酒葡萄品种，在蒙自、弥勒、永仁、东川等地试种。云南酿酒葡萄及葡萄酒产业主要集中于弥勒、丘北产区和香格里拉迪庆高原产区。

弥勒、丘北产区地貌属岩溶山原地貌，特征是山地高原为主，丘陵平台镶嵌其中，形成了面积较大的山中盆地。东风农场场区的土壤由砾岩和白云岩风化而成，土壤中有机质含量高，肥力中上等，非常适合葡萄的生长。香格里拉迪庆高原产区属于干旱河谷，大香格里拉地区。葡萄生长在三江并流的坡地河谷，土壤多为砂岩类棕褐土，富含有机质和石子，极有利于葡萄生长发育和根系扩展。多数海拔 1700 ~ 3000 米，为世界上海拔最高的葡萄酒产区之一。葡萄园非集中连片，多为梯田分散分布，天然屏蔽病虫害的传播。

云南产区日照时间长，年日照时长 2000 ~ 2600 小时，年均温度 1℃ ~ 20℃；气温年差较小，昼夜温差大；果实成熟期气温相对冷凉，有利于果实中芳香物质和酚类物质的积累。干旱少雨，全年有 7 个月为旱季，降水量较少，年降水量 300 ~ 900 毫米。冬季极端低温约为 -10℃ ~ -12℃，冬季无须埋土防寒。产区主栽品种有玫瑰蜜、水晶、云中舞、赤霞珠、霞多丽、西拉、梅洛、威代尔等。

云南产区

13. 四川产区

四川酿酒葡萄的种植区域位于四川西部高山地区，纬度低（最低纬度为北纬 26℃、最高纬度为北纬 33℃），海拔高（1200 ~ 3300 米），落差大，主要集中在 1500 ~ 3200 米。四川产区是世界上海拔最高的葡萄酒产区之一，也是中国目前发现的主要的高山不埋土防寒葡萄酒产区。产区由 4 个子产区组成：以阿坝州茂县、理县为代表的岷江上游子产区；以阿坝州小金、金川和甘孜州丹巴为代表的大渡河流域子产区；以甘孜州得荣、乡城为代表的金沙江上游子产区；以凉山州西昌和攀枝花为代表的安宁河谷子产区。

四川产区属于典型的高原温带干旱半干旱季风气候区，复杂多样，冬暖夏凉，无霜期长，冬季不需要埋土防寒。土壤类型丰富且多为砾质沙壤，透气性好，矿质元素含量较高；由于海拔高，距离太阳最近，强烈的紫外线照射，年平均日照时数超过 2000 小时，日照充足，昼夜温差大，有利于葡萄生长和果实成熟。葡萄多种植在山谷坡地、山腰，依山势种植，沟壑纵横，具有“一山不同季，十里不同天”的特点，不同海拔地域垂直气候差异显著，干热、干温、干凉河谷并存，不同的生长表现使葡萄酒产生多样化风格。同时，葡萄园非集中连片，多为梯田分散分布，通风透光，天然屏蔽了病虫害的传播。

截至 2019 年年底，根据 17 家四川省主要葡萄酒生产企业上报的统计数据汇总，2019 年四川省酿酒葡萄种植面积约 3.83 万亩，葡萄酒年产能 0.69 万吨，葡萄酒产值 4.13 亿元，葡萄酒年销售额 3.25 亿元。

四川产区

14. 其他产区

另外，中国黄河故道（河南、安徽、山东与江苏交界地）也曾经是一个葡萄酒产区，但是由于这里气候偏热，年活动积温为 4000℃～4590℃，年降水量 800 毫米以上，因此导致本不多的酿酒葡萄面积逐渐减少；湖南、广西甚至江西地区，也利用当地野生的刺葡萄、毛葡萄进行酿酒并新建酒庄。

技能实训

实训 1：品鉴

（1）品鉴中国葡萄酒产区代表酒款，并撰写品酒辞。

（2）根据客户（同桌）的喜好，向其推荐一款适合的葡萄酒，并提供品尝说明，包括葡萄酒的外观、香气、口感和风味等特点。

实训 2：营销推广

请以小组为单位，完成以下任务：假设你是中国葡萄酒产区的推广大使，请在中国的葡萄酒产区中选择一个你最感兴趣的产区进行营销和推广，让更多消费者了解产区、酒庄及其酒款。你可以从以下任务中任选其一完成：

（1）线上展示：在葡萄酒电商平台上创建专题页面，展示每个产区的葡萄酒。

（2）线上导览：设计一个虚拟葡萄酒旅游线路，包括各个产区的亮点和互动元素。

（3）节事策划：分享与产区相关的文化和历史背景，包括与葡萄酒有关的传统、故事或庆典。你需要将葡萄酒与中国文化融合，以提供更深入的体验。

反馈评价

评价内容	评价标准	自评	互评	师评
出勤 10%	按时出勤，未有无故迟到、早退、旷课现象。			
课堂学习 10%	积极投入理论学习，踊跃参与课堂互动。			
实训 1 品鉴 40%	葡萄酒品鉴技巧：能够使用专业术语对葡萄酒的视觉、嗅觉和味觉等方面做出评价。			
	品鉴笔记：能够详细记录葡萄酒的品鉴笔记（包括视觉、嗅觉、味觉和总结等）；笔记准确、清晰、有条理。			
	品鉴表达能力：在口头表达中，能够使用专业术语和形容词流畅、自信地描述品鉴感受。			
	品鉴准确性：品鉴评价能够准确反映葡萄酒的特点，能够正确识别葡萄酒的品种、产区和风格。			
	专业素养：在实训过程中表现出专业的态度、独立思考和对葡萄酒领域的热情。			
实训 2 营销推广 40%	目标明确性：推广方案有明确的目标和期望的结果；推广方案清楚定义了目标受众。			
	策略的合理性：推广策略与目标相一致；能够选择适当的推广渠道和工具。			
	创意和吸引力：推广方案有创意，能够吸引目标受众的注意；方案中包含有趣、引人入胜的元素。			
	可执行性：方案考虑了资源、时间和预算的限制，有详细的执行计划，具备一定的可行性。			
	清晰的沟通：口头展示时，能够清晰地表述方案内容，并使用适当的语言和适合的语调；书面展示应体现良好的写作技巧，包括语法准确、拼写规范和文风有特色。			

项目小结

在本项目中，我们了解了葡萄种植面积、产量等数据，也了解了国内葡萄酒产业现状，归纳了葡萄与葡萄酒产业的特征，了解到我国葡萄酒产业目前正处于快速发展的阶段，具有良好的前景。在实训环节中，大家挑选了每个产区的代表葡萄酒，巩固了描述葡萄酒的外观、香气、口感和风味的方法，以帮助客户更好地品味和理解葡萄酒。通过扮演侍酒师、葡萄酒旅游策划者或葡萄酒电商平台运营者等角色，引领客户探索了中国葡萄酒的产地。

知识园地 · 中国故事

山海情 · 扶贫事业里的中国故事

2023年3月4日，感动中国2022年度人物重磅揭晓，“菌草之父”林占熺光荣上榜。但你可能并不知道，他就是热播电视剧《山海情》中凌一农教授的原型人物。《山海情》被称为2021年跨年剧王，最高评分9.6，堪称近年来国产剧中的佼佼者。“移民扶贫情意浓，闽宁合作暖人心”，这首宁夏老百姓自发改编的山歌，说不完闽宁协作扶贫的故事，道不尽西海固人民的款款深情。

山海情的山，是宁夏；海，是对口帮扶的福建。整部剧讲述了宁夏西海固地区人民响应国家东西协作扶贫政策的号召，在东部沿海省份福建省的援助下，将荒漠戈壁建设成塞上江南，一路闯关、攻坚克难、不断探索，让当地人民逐渐富裕起来的真实故事。

《山海情》在讲扶贫，也在讲东西对口协作，真实得就像黄土地里长出来的一样，几乎每个主要人物都有原型。有穷惯了、苦惯了，对未来不抱希望的农民；也有眼里有光、心头有血、脚下有路的新青年。令人印象深刻的是剧中的角色马得福，以第一批从西海固搬迁到闽宁村的移民谢兴昌为原型，是宁夏黄土地上无数基层干部的缩影，展现了西北人的质朴、坚忍和热血。

1980年前，宁夏许多山沟里耕地面积小，即使地里种上了土豆和玉米，还是吃不饱，挨饿受穷几乎是家常便饭。其中，宁夏西海固地区山大沟深、十年九旱、生态脆弱，村里人还过着土里刨食的苦日子。

未“吊庄移民”前的西海固地区（图片来源：宁夏新闻网）

在20世纪90年代，东南沿海的经济迅速腾飞。1996年，在党中央做出东西部结对帮扶的战略部署下，福建和宁夏建立起对口协作关系。

1997年7月15日，福建和宁夏共建的“闽宁村”在银川市的一处戈壁滩上破土开工。西海固移民离开了世代居住的村庄，跨越400多千米，搬离大山开始建设新家园。

闽宁村在福建省的各类资源支持协助下壮大成闽宁镇，是东西协作、对口帮扶成果的一个生动缩影。20多年来，闽宁镇大规模地兴修水利、整理土地、引黄入滩，使用东西协作资金累计2.46亿元，实施项目57个，累计引进涵盖养殖、种植、制造加工、电子商务等领域的闽籍企业13家。为促进当地发展，福建先后累计派出十二批200多名援宁干部到宁夏挂职，数千名教师、医生和科技人员对点帮扶。

从此，武夷山与六盘山肩并肩，闽江水和黄河水相辉映，东西部协作的“闽宁模式”生动上演，创造了中国特色减贫治理的生动实践。

如今的宁夏西海固地区，早已看不到“苦瘠甲天下”的影子，能看到的是易地搬迁后生态的大规模恢复。西海固“生态长城”日益稳固，搬迁移民从苍凉走向美丽，从贫困走向富裕，交出了一份中国“脱贫奇迹”的答卷。

现今的西海固（图片来源：新华社）

随着东西部协作深入推进，呈现出发展资源共享、特色资源互补的趋势。跨越千里真情帮扶的闽宁协作，也成了东西部扶贫协作的典范。目前，闽宁镇的菌草、黄牛、葡萄、劳务四大产业已初具规模，已建成闽宁扶贫产业园、闽宁产业城两大园区。

脱贫摘帽不是终点，在推进全面脱贫与乡村振兴有效衔接中，闽宁协作已踏上乡村振兴的新征程，正在谱写跨越几千公里的新篇章。

2021年5月，在闽宁协作第二十五次联席会议上，共签订合作项目49个，明确将闽宁镇打造成东西部协作示范镇、移民致富提升示范镇、乡村振兴示范镇。通过东西部协作的“闽宁模式”，将东部的发展经验、优质企业留下来，把西北的吃苦精神、生动实践带出去。

2022 年，闽宁协作第二十六次联席会议在宁夏银川市召开。面对新时代、新起点、新契机，福建和宁夏再次相约，在产业合作、资源互补、劳务对接上加深交流，继续推进闽宁协作走实、走深。如今，山海起新潮，人们继续以饱满的精神状态和昂扬的奋进姿态，在新征程上谋振兴、创佳绩。正所谓："所志隔山海，山海皆可平。"

闽宁协作，只是中国式现代化互助扶贫协作的成功典范之一，全国还有许许多多山海情深的故事，向世界讲述着中国特色东西互助扶贫的伟大成就。

资料来源：道中华．山海情·扶贫事业里的中国故事．道中华微信公众号．

模块三

葡萄酒侍酒与营销

- 项目八　餐酒搭配
- 项目九　侍酒服务

项目八 餐酒搭配

项目导学

项目导语

◆ 餐酒搭配是通过侍酒师的建议，让食物与葡萄酒结合，以提升客人的味蕾体验。虽然餐与酒的搭配相对主观，但是我们可以通过学习一些原理，并且不断地去尝试，掌握餐酒搭配的技巧。

◆ 餐酒搭配建立在对于酒和食物的理解之上，这就要求大家具备一定的葡萄酒理论与品鉴基础，同时也要深入了解餐厅各种菜品的食材与烹饪方法。一场完美的葡萄酒晚宴离不开侍酒师与厨师长的前期沟通、选酒、试菜与改进。未来，无论你是一名热情的美食爱好者、餐厅业从业者还是葡萄酒行业的专业人士，了解葡萄酒与食物的搭配将使葡萄酒体验更加丰富。

知识目标

◆ 了解葡萄酒与食物相互作用的原理，包括味觉和嗅觉的互动。

◆ 掌握葡萄酒与中餐搭配的原则及其应用。

◆ 掌握葡萄酒与西餐搭配的原则及其应用。

◆ 理解葡萄酒与食物搭配、地域和文化的关联。

能力目标

◆ 能够选择合适的葡萄酒与各种类型的食物进行搭配，以提升用餐体验。

◆ 能够解释葡萄酒与食物搭配的科学原理，为他人提供专业建议。

◆ 能够理解和尊重不同文化和地区的葡萄酒与食物搭配传统，展示跨文化沟通的能力。

素养目标

◆ 了解葡萄酒与中国餐饮文化的融合，加深对本土文化的理解和认同。

◆ 培养团队协作的意识，为将来的职业生涯做好准备。

任务一　餐酒搭配的基本原则

情境导入

你步入一家高档餐厅，希望点一杯葡萄酒来搭配今天的晚餐，但不确定应该选哪款葡萄酒才能最好地衬托出菜肴的风味。葡萄酒的世界如此纷繁，怎样选择一款与特定菜肴相得益彰的葡萄酒是一个既让人兴奋又让人不知所指的课题。然而，这正是葡萄酒与食物搭配的魅力和挑战所在。

本任务我们将探讨餐酒搭配的基本原则，介绍葡萄酒与食物之间的互动关系，以及如何根据不同的情境和口味选择适合的葡萄酒。无论你将来成为一名侍酒师、餐厅经理，还是一位热爱美食与葡萄酒的达人，这些原则都将有助于你更好地欣赏并享受葡萄酒和美食。

知识精讲

一、如何理解餐酒搭配

餐酒搭配一般是指葡萄酒与食物的搭配（餐酒搭配也逐渐涉及清酒、威士忌、中国白酒、黄酒等酒精饮品）。葡萄酒由新鲜葡萄发酵而成，作为发酵的果实酒，其不会像烈酒（蒸馏酒，如中国白酒、威士忌、白兰地等）一样有较高的酒精度。葡萄酒的酒精度一般为 8% vol ～ 15% vol，即使是不怎么喝酒的人，也可以在用餐期间喝上一杯。葡萄酒的风格多样，所以在配餐上的选择性会更丰富。不同的葡萄品种酿造的葡萄酒、同一葡萄品种在不同国家和产区酿造的葡萄酒，同一葡萄品种在同一地区不同酒庄酿造的葡萄酒，都会在风格方面体现出明显的差异。

二、葡萄酒的各要素如何与食物相互影响

餐酒搭配中，对食物影响最明显的就是葡萄酒的架构，即酸度、甜度、单宁、酒精度和酒体。葡萄酒的香气很复杂，可以增加或平衡菜品风味，起到画龙点睛的作用；而酸度、单宁、酒精度和酒体，如果与菜品搭配得当，则能起到画龙点睛的作用。

（一）酸度

葡萄酒中的酒石酸、苹果酸等天然酸，可以降低海鲜的腥味，突出食材的鲜甜味；同时对于一些相对高油脂的食材，或者烹调偏油腻的食材，酸可以起到解腻、清新口腔的作用。因此，酸度通常是配餐时衡量适配性的关键。一般相对红葡萄酒，白葡萄酒的酸度会更突出，冷凉产区的葡萄酒酸度要比炎热产区的酸度更高。高酸度的葡萄酒搭配有酸度的菜品，会降低菜品的酸度。大部分情况下，偏高的酸度对于菜品往往有正向的影响。

（二）甜度

葡萄酒的甜源于葡萄本身的天然糖分。根据工艺的不同，葡萄酒的甜度也会有所不

同。甜酒在配餐中一般搭配甜品。此时，需要注意区分甜的类型和程度，根据甜品的甜度搭配适合的甜酒。例如：对于蜂蜜一般的甜酒，其甜度和风味就不太适合亚洲风格的甜品。另外，过高的甜度和风味集中度会对味蕾造成负担，但适当的含糖量，比如半甜雷司令、琼瑶浆、阿斯蒂微起泡酒，甜度适宜、风味清爽，比较适合搭配麻辣元素的菜品，降低口腔的灼热感。

（三）单宁

葡萄酒的单宁主要来自葡萄的果皮。所有的红葡萄酒都含有单宁，根据品种特性以及酿造工艺，单宁含量和质量会有所差异。桃红葡萄酒以及橙酒因为在酿造过程中有一定的果皮接触，所以也会带有一定量的单宁。单宁会随着陈年熟化，透过氧气的作用，使单宁柔化。

单宁会在上颚产生卷缩感，会令海鲜或河鲜等质地细嫩的食材变得粗糙失去水分，同时也会产生令人不愉悦的铁锈味。因此，红葡萄酒适合搭配纤维较粗、富含脂肪的牛羊肉，单宁可以消除肉的油腻感，同时蛋白质跟单宁的结合可以降低苦涩感。

当客人需要红葡萄酒时，需要了解客人对单宁的接受度，以及留意客人所点菜品与红葡萄酒的适配度。例如：客人点了较多海鲜，但又希望搭配葡萄酒时，就可以推荐本身单宁很低的葡萄品种和较近的年份；因为新年份的葡萄酒往往带有更多的新鲜果味，整体又很轻盈，不会过度影响海鲜菜品的风味。

（四）酒精度

葡萄酒更适合配餐的一个原因在于其酒精度。相较于高度数的蒸馏酒而言，葡萄酒更容易入口。酒精度带给口腔灼热感，因此，高酒精度的酒搭配辣菜，会增加口腔的灼热感；推荐酒款时，可以询问客人对辣的偏好，从而推荐辣上加辣或降低辣度的酒款。一般红葡萄酒的酒精度会高于白葡萄酒，地理位置靠南、气候较为炎热的产区生产的葡萄酒，其酒精度往往要高于地理位置更靠北的葡萄酒。

（五）酒体

试想一下，用一款酒体轻盈、香气淡雅的意大利灰皮诺白葡萄酒搭配重麻重辣或酱汁风味浓郁的菜品，会有怎样的效果？很可能的结果是酒的风味完全被菜品遮盖。炎热产区的赤霞珠或者西拉红葡萄酒，酒体强劲、香气奔放、风味集中，不适合搭配需要突出食材本味的菜品；如果用其搭配蒸煮方法烹饪的河鲜或者海鲜，食材的鲜味则会被酒的味道遮盖。

由此可见，餐酒搭配中一个基本的指导原则就是使食物和酒的特征相互一致、相互补充、相互对比。食物与酒任意一方过于强势，很可能会适得其反。当然，在餐酒搭配时，往往需要明确菜品和酒水哪个是就餐的主角。如果客人主要是为了体验菜品而来，那么葡萄酒就是配角；在餐酒搭配时，就尽可能使菜品在葡萄酒的衬托下，变得更加美味。如果客人在餐厅点了一支价格不菲的葡萄酒，则需要根据酒款的风格推荐适合的菜品。例如：在菜品的味道不会过度影响葡萄酒风味的前提下进行菜品推荐，尽量避免推荐一些味道过于浓郁或者有刺激性的菜品。

三、影响餐酒搭配效果的因素

（一）菜品的烹饪方式

菜品的烹饪方式深刻地影响着葡萄酒的搭配选择，反之，葡萄酒的酒体也影响着食物的风味。一般而言，酒体饱满、香气层次丰富的葡萄酒通常搭配口味浓郁，以煎、烤、炒等烹调手法为主的菜品；酒体轻盈、果香为主的葡萄酒一般搭配以蒸、炖、煮等烹饪手法为主的菜品。由此可见，食物的烹饪方式是影响其与葡萄酒搭配度的一个重要方面。通常来说，风味类似的食物和葡萄酒可以互相搭配；反之，风味反差较大的两者搭配，也可能收获惊喜。

在基本搭配原理的基础上，很容易得出“白葡萄酒配白肉、红葡萄酒配红肉”的结论，但具体配哪种葡萄酒呢？以鸡肉配白葡萄酒为例：

如果烹饪时，只采取简单的蒸煮方式，将鸡肉煮熟，菜品简单而细腻，那么较为简单的葡萄酒，如年轻的赛美蓉就是不错的选择。如果采取烤制的烹饪手段，脂肪会使鸡肉的香味更加浓郁，此时，便需要更浓郁的葡萄酒与之相配，如陈年的赛美蓉。如果通过烧烤的方式处理鸡肉，那么鸡肉就会带有烟熏味。此时，可以搭配经过橡木桶陈酿的葡萄酒，如过桶的霞多丽。如果用奶油烹制鸡肉，那么鸡肉的味道则会变得非常丰富，此时适合搭配酒体较重的霞多丽。如果烹饪过程加入了酱油，鸡肉出品为一道深色菜肴，则可以搭配颜色偏淡、酒体轻盈的红葡萄酒，如黑皮诺。如果鸡肉提前经过红葡萄酒腌料的腌制，则可以搭配干型红葡萄酒。

（二）菜品味道的复杂度

如果菜品的味道太复杂，就会严重盖过葡萄酒的风味。因此，遇到味道特别复杂的菜品，建议先不要尝试搭配珍贵的葡萄酒，可以先尝试搭配相对便宜、大众的葡萄酒，以免得到不满意的结果。

技能实训

实训 1：品鉴

品鉴三组风格各异的红白葡萄酒，针对每一款葡萄酒和搭配的菜肴撰写品酒笔记，包括色泽、香气、口感、余味等。编写简短的品酒辞，以表达感受和评价。

实训 2：餐酒搭配

以小组为单位，在下列任务中，任选其一：

[任务 1：菜肴与葡萄酒配对比赛]

从实训 1 的品鉴酒款中挑选两款葡萄酒，搭配今天的中餐或晚餐，制作一份今天的晚餐菜单。简单介绍所选择的酒款和菜肴特征，进而解释如此餐搭的原因。评审团可以包括教师、其他学生和侍酒师等，以评估他们的选择是否合理或恰当。

[任务 2：葡萄酒品鉴会]

策划一个小型的葡萄酒品鉴会，邀请同学或其他感兴趣的伙伴参加。在实训 1 的品鉴酒款中选择两款葡萄酒，并提供相应的小吃或菜肴。用本任务所学的知识解释每种葡萄酒的特点，以及选择食物搭配的原因或依据。

反馈评价

评价内容	评价标准	自评	互评	师评
出勤 10%	按时出勤，未有无故迟到、早退、旷课现象。			
课堂学习 10%	积极投入理论学习，踊跃参与课堂互动。			
实训 1 品鉴 40%	葡萄酒品鉴技巧：能够使用专业术语对葡萄酒的视觉、嗅觉和味觉等方面做出评价。			
	品鉴笔记：能够详细记录葡萄酒的品鉴笔记（包括视觉、嗅觉、味觉和总结等）；笔记准确、清晰、有条理。			
	品鉴表达能力：在口头表达中，能够使用专业术语和形容词流畅、自信地描述品鉴感受。在书面表达中，能够以清晰、连贯的方式传达品鉴观点。			
	品鉴准确性：品鉴评价能够准确反映葡萄酒的特点，能够正确识别葡萄酒的品种、产区和风格。			
	专业素养：实训过程中，表现出专业的态度、独立思考和对葡萄酒领域的热情。			
实训 2 餐酒搭配 40%	内容准确性：能够提供准确的葡萄酒和食物的相关信息和数据。			
	深度和广度：深入研究了葡萄酒款的多个方面，包括酒瓶、酒标、生产工艺、产地特征等；深入了解了菜肴的特征如食材特点和烹饪方式等。			
	清晰性和逻辑性：展示结构清晰，逻辑严谨，易于理解。			
	沟通能力：口头展示时，表述清晰且能够使用适当的语言和语调。口头展示时，能够回应听众的问题和反馈，与听众互动，并展现对听众的关注和尊重。			
	吸引力和兴趣：能够使用生动的例子、图片或多媒体元素引起听众或读者的兴趣。			

任务二　葡萄酒与中餐的搭配

情境导入

你是一名在一家高档中餐馆工作的侍酒师，今天接待了一对来自国外的顾客，他们对中国美食充满好奇，想尝试正宗的中餐，便点了几道经典的中餐菜肴，包括宫保鸡丁、老北京炸酱面、龙井虾仁和西湖醋鱼。他们希望你推荐适合的葡萄酒，以提升用餐体验。你需要考虑如何选择葡萄酒，以使每道菜都能与葡萄酒相得益彰，而不是相互冲突。

这是一个挑战，因为中餐的味道多种多样，有的辣、有的麻、有的酱汁浓郁、有的清新寡淡。侍酒师需要运用葡萄酒知识，结合葡萄酒的口感、果味和酸度等特点，为每道菜选择合适的葡萄酒。一次成功的餐酒搭配可以给顾客留下深刻的印象，也可以引导他们更深入地了解和探索葡萄酒文化。

知识精讲

一、中国餐酒搭配概述

中国地大物博，饮食文化丰富多样，不同地区都有当地的特色美食。食材不同，烹饪处理方式也复杂多样，即便是同一道菜品，在不同的地区、由不同的人烹饪出来，味道也不一样。

中餐不同于西餐的分餐制，中餐上菜讲究所有菜品同时上桌分享用餐，所以一桌会同时出现冷菜、汤、热菜。热菜包括海鲜、牛羊肉、蔬菜等。煎、炒、炖、炸等不同烹饪方式为菜肴带来了不同的口感。一些高端中餐厅虽然会尽量按照冷菜、汤、海鲜和红肉类的方式上菜，但也会面临中餐上菜同时上桌的特点，这意味着选取的酒款应尽量能够同时搭配多道菜品。

首先，最稳妥的做法便是选择酒款的百搭性，即酒水与客人所点的大部分菜品，或者其中最难搭配的一道菜品相对平衡，至少不会过于冲突。

其次，要关注所有菜品中最贵的几道菜。这几道菜选用了比较好的食材或者相对细致的烹饪处理方法，不能因为葡萄酒的加入而使菜的口感受到影响。高端中餐中相对高价的菜品一般为海鲜菜式，如鲍鱼、海参、黄鱼、龙虾、帝王蟹等。选酒原则主要是突出食材的鲜美，更适合搭配起泡酒或白葡萄酒。同时，通过菜品价位也能推断客人的消费能力，可以适当推荐相对价位较高的酒款，以提高餐厅的酒水销售。

最后，应关注食材的烹饪方式所带来的口感风格。即使是同一种食材，处理方法不同，搭配的酒也可能不一样。即使是轻盈的白葡萄酒或起泡酒，也有风格饱满甜美和清瘦酸爽之分。对酒款风格的了解需要通过查阅酒庄及酒款的相应资料，最重要的还是要品鉴过该酒款并了解酒款风格特征。

另外，中餐厅家庭或商务宴请多人用餐时，一支酒大概可以分 6 位以上，一轮可以倒完一支酒。那么客人当晚至少需要两支以上的酒款，即可以像西餐一样，推荐客人尝试不同的酒款，根据前菜、海鲜、鸡鸭牛羊等红肉类的上菜顺序来搭配红白葡萄酒，既可以让客人体验餐酒搭配，还可以提高酒水销售。

同时，餐酒搭配不能只考虑菜品与酒的元素，客人的主观意愿也很重要。比如，一些菜品比较适合搭配白葡萄酒或者香槟酒，但是客人对这两类酒的接受度不高，而是更偏爱红葡萄酒时，此时应该顺应客人的要求，根据客人的喜好推荐相对适合配餐的红葡萄酒，尽可能减少葡萄酒对食物的影响。

就国内中餐酒水销售量来说，白酒的份额占主流，其中葡萄酒中占比较大的还是波尔多混酿风格的红酒，即法国波尔多、美国加州以及智利和澳大利亚的部分红葡萄酒。这类消费群体多为一些中年商务人士，偏爱传统名庄的红酒，有较高的主观偏好。这种情况下首先应当以客人主观喜好优先，其次是餐酒搭配的体验感。对于不太适合搭配结构感太强、过于浓郁的红酒的菜品，可以推荐波尔多梅洛和品丽珠为主的混酿，以及单宁柔顺细腻、酸度偏高、有新鲜果香的红酒，尽量降低葡萄酒对菜品的影响。

二、八大菜系与葡萄酒的搭配

关于八大菜系的提法，最早的文献记录是1980年6月20日，汪绍铨先生发表在《人民日报》的《我国的八大菜系》，即鲁菜、川菜、粤菜、苏菜、闽菜、浙菜、湘菜和徽菜。

（一）鲁菜

葱烧海参

鲁菜，源于山东，分为济南菜和胶东菜两大派，以及风格独特的孔府菜。鲁菜历史悠久、底蕴深厚，对中国北方其他菜系影响深远。明清时期，大量山东厨师和菜品进入宫廷，使鲁菜华贵大气，成为宫廷菜的主流。济南菜的特点是选料考究、技艺精湛、烹饪费时，代表菜式有汤爆双脆、糖醋鲤鱼、济南烤鸭、九转大肠、干烂虾仁等；胶东菜以烹制海鲜见长，清鲜脆嫩、原汤原味，代表菜式有葱烧海参、油爆海螺、清蒸加吉鱼、扒原壳鲍鱼、糟溜鱼片、浮油鸡片等；孔府菜典雅华贵，以精细见称，制作极为考究，名馔珍馐齐备，品类丰盛完美，代表菜式有烤花揽桂鱼、烤鸭、烤乳猪、一品豆腐、寿字鸭羹等。

整体而言，鲁菜相对多油，建议搭配酸度较高的红白葡萄酒，如雷司令、赤霞珠等，以及部分博若莱新酒。

（二）川菜

毛血旺

川菜，源于四川，以麻、辣、鲜、香为特色，一菜一格、百菜百味，主要包括上河帮、下河帮和小河帮三大菜系。上河帮又称成都菜，传统菜品用料精细、味道温和，著名菜品有麻婆豆腐、回锅肉、盐煎肉、宫保鸡丁、烧白、粉蒸肉、夫妻肺片、蚂蚁上树、蒜泥白肉、鱼香肉丝等；下河帮以重庆菜式为主，大方粗犷，花样翻新迅速，用料大胆，俗称江湖菜，代表菜品有酸菜鱼、毛血旺、口水鸡、辣子鸡、辣子肥肠、泉水鸡、烧鸡公、泡椒鸡杂、泡椒鱿鱼、香辣虾、香辣蟹等；小河帮又称盐帮菜或自贡菜，以精致、奢华、怪异、麻辣、鲜香、鲜嫩味浓为特色，代表菜品有冷吃兔、锤子牛肉、冷吃牛肉、火边子牛肉、水煮牛肉、火爆黄喉等。

川菜的口味可总结为麻、辣、鲜、香，建议搭配甜型、半甜型且果味丰沛的白葡萄酒、桃红葡萄酒，帮助减少麻辣和灼热感对口腔的刺激，冰镇的起泡酒也可以有效地减少麻辣对口腔的冲击感。

（三）粤菜

广式烧腊

粤菜，亦称广东菜，主要由广府菜、潮州菜与东江菜三种风味组成，起步较晚却影响深远，堪称海外中国菜的代表。广府菜最大的特点是款式多、味道鲜，著名菜肴有五蛇羹、烤乳猪、龙虎凤、冬瓜盅、老火汤等；潮州菜的特点是善烹海鲜，重汤轻油，清淡为主，著名菜肴有卤猪头肉、卤水鹅、红焖鲍鱼、红焖海参、鱼饭、芋泥和潮州打冷等；东江菜以炒炸焗焖见长，下油重，口味咸，酱料简单，著名菜肴有盐焗鸡、客家酿豆腐、八宝窝全鸭和东江酿三宝等。

粤菜以清、鲜、爽、嫩、滑见长，建议以半干型的白葡萄酒搭配海鲜和冷蔬前菜，以干型桃红或者轻酒体的果香型干红搭配红肉、烧味等主菜。

（四）苏菜

松鼠鳜鱼

苏菜即江苏菜，共有四大菜系：淮扬菜，来自扬州、淮安和镇江，讲究选料和刀工，口味清淡，擅长制汤；金陵菜，来自南京，善用蔬菜，制作精细，口味平和；苏南菜，来自苏州、无锡和常州，常用酒糟调味，擅长各类水产，口味偏甜；徐宿菜，来自徐州和宿迁，口味较重，比较咸辣，擅长各种烹调肉类。苏菜代表菜品有将军过桥、狮子头、扒烧整猪头、镇江肴蹄、盐水鸭、松鼠鳜鱼、肺汤、叫花鸡、清汤火方和霸王别姬等。

苏菜口味以清鲜、咸甜为主，注重食材本味，建议搭配果香型、中等酒体的白葡萄酒和酸度适宜的起泡酒，以酸配酸、甜配咸的原则优先，尽量突出食材本味。

（五）闽菜

佛跳墙

闽菜即福建菜，根据地域分为福州菜、闽西菜和闽南菜，食材以海鲜为主。福州菜偏酸甜，汤鲜味美，丰富多变，善于用红糖作配料，既防变质又去腥，著名菜肴有佛跳墙、淡糟香螺片、白炒鲜竹蛏、海蛎豆腐汤、鼎边糊、扁肉燕、七星鱼丸、炖罐线面等；闽南菜善用甜香，讲究佐料，尤其使用酱料蘸食之菜色较多，著名菜肴有东壁龙珠、红烧通心鳗、沙茶鸭、沙茶面等；闽西菜稍偏咸辣，具有浓厚山区的风味，代表菜品有白斩河田鸡、龙岩涮九品、姜鸡、爆炒地猴、糖什锦、什锦案叠、珍珠丸、毛栗糕等。

闽菜以清鲜醇厚、荤而不腻为特点，建议搭配口感圆润的干型、半干型白葡萄酒和富有果味的桃红葡萄酒，避免搭配口感厚重的葡萄酒。

（六）浙菜

龙井虾仁

浙菜源于中国浙江，由杭帮菜、宁波菜、绍兴菜、瓯菜（即温州菜）组成。杭帮菜以爆、炒、烩、炸等烹调技法见长，清鲜爽脆、淡雅精致，代表菜肴有龙井虾仁、西湖醋鱼、宋嫂鱼羹、东坡肉、生爆鳝片、西湖莼菜汤、薄片火腿、八宝豆腐、叫化童鸡、荷叶粉蒸肉等；宁波菜擅长烹制海鲜，口味鲜嫩软滑，注重保持原味，代表菜肴有雪菜大汤黄鱼、苔菜拖黄鱼、目鱼大烤、冰糖甲鱼、锅烧鳗、熘黄青蟹、三丝拌蛏、宁波烧鹅等；绍兴菜香酥绵糯、原汤原汁，轻油忌辣，香味浓烈，代表菜肴有糟熘虾仁、干菜焖肉、绍虾球、头肚醋鱼、鉴湖鱼味、清蒸鳜鱼等；温州菜又称“瓯菜”，以海鲜闻名，口味清鲜，淡而不薄，代表菜肴有爆墨鱼花、锦绣鱼丝、马铃黄鱼、双味梭子蟹、纲油黄鱼、炸溜黄鱼、蒜子鱼皮等。

浙菜烹调手法多样，菜品特色以细、嫩、鲜居多，建议搭配甜型和半干型葡萄酒。芬芳型白葡萄酒搭配海鲜类的菜品，果香型的干型、半干型葡萄酒搭配口味适中的荤菜。

（七）湘菜

剁椒鱼头

湘菜即湖南菜，辣味丰富适当、制作严谨、突出菜肴本味，按地域可分为湘江菜、洞庭菜和湘西菜。湘江菜特色是油重色浓，讲求实惠，注重鲜香、酸辣、软嫩，尤以煨菜和腊菜著称，著名的菜式有组庵湘菜；洞庭菜以烹制河鲜和家禽家畜见长，量大油厚，咸辣香软，以炖菜、烧菜出名；湘西菜擅长制作山珍野味、烟熏腊肉和各种腌肉，口味侧重于咸香酸辣，有浓厚的山乡风味。湘菜代表菜肴有红煨鱼翅、冰糖湘莲、东安子鸡、腊味合蒸、红椒腊牛肉、发丝牛百叶、火宫殿臭豆腐、吉首酸肉、换心蛋、酱汁肘子、麻辣子鸡、荷叶软蒸鱼、油辣冬笋尖、湘西酸肉、菊花鱿鱼等。

湘菜种类多样，以香辣为主，建议搭配果香浓郁的半干、半甜型葡萄酒，以平衡菜肴中的辣味，酸味突出的菜肴选择搭配香气浓郁、口感清爽的干白葡萄酒。

（八）徽菜

黄山炖鸽

徽菜起源于徽州，曾因徽州商人遍布天下而流行全国，特点是就地取材，以保证食材的新鲜度，善用火候，根据不同材料分别采用大火、中火、小火烹调，娴于烧炖，浓淡相宜，重油重色，讲究食补，有代表性的菜肴有：火腿炖甲鱼、黄山炖鸽、清蒸石鸡、腌鲜鳜鱼、香菇盒、问政山笋、双爆串飞、虎皮毛豆腐、香菇板栗、杨梅丸子、凤炖牡丹、双脆锅巴、徽州圆子、蛏干烧肉、清蒸鹰龟、青螺炖鸭、方腊鱼、一品锅、中和汤等。

徽菜以鲜制胜，河鲜菜品较多。建议肉类搭配酒体中等、果味突出的红葡萄酒，河鲜与豆腐类的菜品可选择香气馥郁、酒体柔顺的白葡萄酒。

技能实训

以小组为单位，完成下列任务：

餐厅最近计划推出一场精致的品鉴晚宴，以展示中国传统美食和与之相配的葡萄酒。作为高端中餐餐厅的侍酒师团队，你们需要为晚宴挑选最适合的葡萄酒，并为宾客提供专业的葡萄酒建议。

请对下列内容进行分析并展示：

（1）餐单分析：仔细分析晚宴的菜单，包括各道菜的风味、配料和烹饪方式。了解每道菜的特点，以便更好地选择葡萄酒。

（2）葡萄酒选择：根据菜单的分析，挑选出适合每道菜的葡萄酒。因为中餐味道和烹饪风格多样，因此，你需要选择不同类型的葡萄酒，包括白葡萄酒、红葡萄酒、起泡酒等。

（3）葡萄酒介绍：在晚宴期间，为宾客提供葡萄酒介绍。这包括葡萄酒的产地、葡萄品种、口感、气味和与菜品的搭配原因。以专业的方式向宾客介绍每款葡萄酒，帮助他们更好地理解并享受葡萄酒与中餐的完美搭配。

（4）互动品鉴：组织一次互动的葡萄酒品鉴体验，让宾客亲自尝试搭配不同的葡萄酒和菜肴，亲身感受葡萄酒与中餐搭配的魅力。

反馈评价

评价内容	评价标准	自评	互评	师评
出勤 20%	按时出勤，未有无故迟到、早退、旷课现象。			
课堂学习 20%	积极投入理论学习，踊跃参与课堂互动。			
技能实训 60%	餐单分析：能够从风味、配料和烹饪方式等方面，分析餐单中的菜品。			
	葡萄酒品尝及评价：能够使用专业术语对葡萄酒的视觉、嗅觉和味觉等方面做出评价；品鉴笔记准确、清晰、有条理。品鉴评价能够准确反映葡萄酒的特点，能够正确识别葡萄酒的品种、产区和风格。			
	葡萄酒选择：根据菜单的分析，为每道菜匹配适合的葡萄酒。			
	葡萄酒介绍 / 品鉴表达能力：在口头表达中，学生能够使用专业术语和形容词流畅、自信地描述品鉴感受。在书面表达中，能够以清晰、连贯的方式传达品鉴观点。			
	吸引力和兴趣：能够使用生动的例子、图片或多媒体元素引起观众或读者的兴趣。			
	反馈和互动：对于口头展示，能够回应听众的问题和反馈，与观众互动，并展现对听众的关注和尊重。			

知识拓展

黄酒与餐酒搭配

对于绍兴人来说，绍兴酒已不仅仅是一种饮品，空闲时喝上几口已成为他们日常生活的组成部分。绍兴人喝酒，重品而不过量，往往一碟茴香豆、几粒花生米便喝得有滋有味。若遇客人光临，绍兴人总会弄点绍兴特色菜，类似酱鸭、咸肉、鱼干等下酒，正如陆游在《游山西村》中所写的那样："莫笑农家腊酒浑，丰年留客足鸡豚。"

中国"八大菜系"都可以作为绍兴酒饮用时的配菜，尤以苏、浙菜系最佳，鲁、皖、粤、闽菜系各具风韵，也可配酒，但较浙、苏菜系稍逊一筹。因为，一个菜系的形成和它的悠久历史与独到的烹饪特色密不可分，同时也受该地区自然地理、气候条件、资源特产、饮食习惯等影响。绍兴酒产于江南，饮用时当然首选苏、浙菜系，这符合饮食饮用规律。

一般情况下，绍兴元红酒与鸡、鸭、肉、蛋以及肥腻食物相配较为适宜，绍兴加饭（花雕）酒则宜配海鲜类菜肴，与牛、羊肉等荤菜相配也能相得益彰，陈年的加饭（花雕）酒特别适合尊贵、高雅的场合，这种酒最能渲染气氛，若能以螃蟹相配，不仅鲜味相投，而且相互烘托，更为适宜。绍兴善酿酒一般选配甜味菜肴或与糕点同享，配荤素菜也可，尤以南方菜肴为佳；绍兴香雪酒则宜与甜菜类相配，也可作为餐前开胃酒或在餐后饮用。

任务三　葡萄酒与西餐的搭配

情境导入

今晚，餐厅迎来了一对新婚夫妇，他们预订了一套法式晚餐，包括法式奶油蘑菇汤、法式煎牛排、法式焦糖布丁等。作为这家高级西餐厅的侍酒师，你需要为他们推荐合适的葡萄酒，以提升他们的用餐体验。西餐与中餐的食材和烹饪方式存在差异，你需要考虑如何选择葡萄酒，以确保其能够与每道菜的风味相辅相成，而不是相互抵消。这对新婚夫妇对葡萄酒并不了解，因此你需要用简单的语言解释推荐酒款，并描述为什么这些葡萄酒适合搭配今天的菜肴。完美的餐酒搭配可以为用餐体验增色不少，给顾客留下美好的回忆。

在实践中，一款套餐通常会搭配多款风格的葡萄酒，这是经过侍酒师跟主厨多次尝试之后才最终确定的搭配。本任务将带领大家理解葡萄酒与西餐的搭配，继续探索美酒、美食与味蕾的碰撞。

知识精讲

西餐的餐酒搭配是最常见的，那么西餐餐酒搭配的逻辑是什么呢？该如何去做西餐的餐酒搭配呢？

餐酒搭配最初多流行于西餐，葡萄酒本身就是欧洲的佐餐酒，长期的餐与酒搭配的规律逐渐形成了最经典或最常见的餐酒搭配。西餐比如法餐或者意大利餐，一般是分餐分道上菜，从餐前开胃小食到冷盘，再到海鲜主食、红肉类主食，最后是甜品。这种架构跟葡萄酒单架构基本相同，从起泡酒、白葡萄酒，再到红葡萄酒、甜酒。

西餐主要突出某种食材以及烹饪该食材的方法，然后是酱汁和配菜。正常来说，一般高端西餐厅的餐酒搭配是根据每个套餐专门定制的。一套餐酒搭配中通常包含几款葡萄酒，酒体由轻到重，跟菜品的口感顺序一致。

一、前菜的配酒

西餐的餐前小食一般量比较小，多为一些相对清爽的菜式，可以在正式用餐前激活味蕾。头盘又称冷盘，是用餐过程中的第一道菜，一般是偏海鲜食材，食材的处理也会尽量避免过度烹饪，以保留食材本身的味道，酱汁也会根据季节以及整体的烹饪理念进行调制。常见的食材以海鲜类为主，如带子、生蚝、鱼子酱等，多会用到偏酸的酱汁调味。

结合对食材以及酱汁的理解，餐前及头盘适合搭配有一定酸度、酒体轻盈的酒，比如香槟或冷凉产区的干白葡萄酒，如法国夏布利产区的霞多丽或者德国摩泽尔产区的雷司令。夏布利配生蚝就是一种经典的搭配，夏布利的白葡萄酒，受到基默里奇阶土壤中丰富的石灰岩和海洋化石的影响，会带有活泼的酸度和咸鲜感。酸度可以取代柠檬汁去腥提鲜，咸鲜感可以映衬生蚝特有的海洋般的咸鲜风味。

二、主菜的配酒

对于主食部分的海鲜食材，要考虑到食材的特点，如食材的烹饪方式和搭配的酱汁。西餐会有很多经典的酱汁，如蛋黄酱、恺撒汁、黑椒汁，或者其他主厨自制酱汁。酱汁会赋予食材丰富的味道，增加香气层次，所以餐酒搭配时也要考虑酱汁的制作材料、口味特征和浓郁度。欧芹大蒜白醋汁是一款搭配海鲜冷菜的自制酱汁，以酸度和清新的植物香气为主，同时白醋给予菜品开胃的酸度，酸度也可以减少海鲜的腥味，突出食材的鲜甜。

若酱汁口感偏酸，需要搭配有一定酸度的葡萄酒；若酱汁风味偏清新植物香，主食材为海鲜，则比较适合搭配一支由长相思酿造的白葡萄酒。当然，假设客人希望推荐一支勃艮第的白葡萄酒，根据以上分析，可以选一支勃艮第北部夏布利产区的村级或者一级园葡萄酒。夏布利的白葡萄酒一般有非常清新纯净的绿色水果香气，酸度活泼爽脆，夹杂一丝土壤赋予的咸鲜感，非常适合配菜。

三、甜食的配酒

甜品一般在用餐的收尾部分，有着甜美的香气和口感。以传统的法餐为例，甜品分为餐前甜品和主甜点，所以甜酒的搭配需要同时考虑两者的口感，或有所侧重。对于甜品的配酒，一是考虑甜品的甜度和风味浓郁度，对于甜度较高的甜品，一般搭配甜酒的甜度要相等或者高于甜品，否则甜酒喝起来会凸显酸度，风味寡淡。关于甜酒，需要了解特定的产区及工艺带来的最终糖分含量和风味特征，如法国苏玳的贵腐甜酒、德国高级优质葡萄酒，它们有不同级别的甜度，甜度过高或过低都会影响餐酒搭配的体验。

同时，了解甜品的制作工艺及口感也是餐酒搭配的重要一环，如对于高巧克力含量的甜品，如巧克力慕斯，有非常集中的巧克力风味，一般搭配风味浓郁的甜型加强酒，如晚装瓶波特酒或者老年份苏玳贵腐甜酒；对于一些以水果为主的甜品，如水果蛋糕或水果冰激凌，可以搭配更清爽、果味为主的甜酒，如德国的冰酒或者匈牙利的晚收甜酒。

技能实训

以小组为单位，完成以下任务：

餐厅计划举办一场特别的美食与葡萄酒晚宴，以展示顶级西餐与葡萄酒的完美搭配。作为餐厅的侍酒师团队，大家需要为晚宴挑选适合的葡萄酒，并为宾客提供专业的葡萄酒推荐。

请对下列内容进行分析并展示：

（1）菜单分析：详细分析晚宴的菜单，包括前菜、主菜、甜品等各道菜的风味、配料和烹饪方式。了解每道菜的特点，以便更好地选择葡萄酒。

（2）葡萄酒选择：根据菜单的分析，挑选出适合每道菜的葡萄酒。考虑到西餐菜式的不同，你需要选择不同类型的葡萄酒，包括白葡萄酒、红葡萄酒、香槟等。

（3）葡萄酒介绍：在晚宴期间，为宾客提供葡萄酒介绍，包括葡萄酒的产地、葡萄品种、口感、气味和与菜品的搭配原因。请以专业的方式向宾客介绍每款葡萄酒，帮助他们更好地理解并享受葡萄酒与西餐的完美搭配。

（4）互动品鉴：组织一次互动的葡萄酒品鉴体验，让宾客亲自尝试搭配不同的葡萄酒和菜肴，以便他们亲身感受葡萄酒与西餐的协调搭配。

反馈评价

评价内容	评价标准	自评	互评	师评
出勤 20%	按时出勤，未有无故迟到、早退、旷课现象。			
课堂学习 20%	积极投入理论学习，踊跃参与课堂互动。			
技能实训 60%	餐单分析：能够从风味、配料和烹饪方式等方面，分析餐单中的菜品。			
	葡萄酒品尝及评价：能够使用专业术语对葡萄酒的视觉、嗅觉和味觉等方面做出评价；品鉴笔记准确、清晰、有条理。品鉴评价能够准确反映葡萄酒的特点，能够正确识别葡萄酒的品种、产区和风格。			
	葡萄酒选择：根据菜单的分析，为每道菜匹配适合的葡萄酒。			
	葡萄酒介绍 / 品鉴表达能力：在口头表达中，学生能够使用专业术语和形容词流畅、自信地描述品鉴感受。在书面表达中，能够以清晰、连贯的方式传达品鉴观点。			
	吸引力和兴趣：能够使用生动的例子、图片或多媒体元素引起观众或读者的兴趣。			
	反馈和互动：对于口头展示，能够回应听众的问题和反馈，与观众互动，并展现对听众的关注和尊重。			

项目小结

在本项目中，我们深入探讨了葡萄酒与餐酒搭配的精妙艺术，以及如何通过正确的组合，提升葡萄酒和食物的味觉体验。以下为本项目内容小结：

第一，餐酒搭配的基本原则。了解了如何理解餐酒搭配、葡萄酒的各要素如何与食物相互影响、影响餐酒搭配的因素，这些原则为我们在不同场合选择葡萄酒提供了指导。

第二，葡萄酒与中餐的搭配。研究了中餐与葡萄酒的搭配，探讨了在面对丰富多样的中餐菜肴时，如何选择合适的葡萄酒，以实现完美的品味体验。

第三，葡萄酒与西餐的搭配。探讨了葡萄酒与西餐的搭配原则，包括与不同类型的西餐菜肴相协调的葡萄酒选择。

在实训中，我们进行了葡萄酒的品鉴，还为晚宴挑选了合适的葡萄酒。通过这些实际操作和训练，我们不仅提升了葡萄酒品鉴技能，还了解了餐酒搭配对提升用餐体验的重要性。

知识园地 · 中国故事

受到米其林青睐的手工黄酒及其餐酒搭配

只要一提黄酒，大家便会想起绍兴酒和孔乙己：身着长衫，要一碗酒，加一文钱要一碗茴香豆，慢慢品度。

和葡萄酒一样，经常喝黄酒的人肯定知道，20 元的“料酒”和 500 元的“年份黄酒”的风味不可相提并论。事实上，黄酒的制作也讲究“风土”和“因时制宜”。其实远在白酒（蒸馏酒）流行的几百年之前，黄酒在中国早已盛行。日本清酒的酿造理念也是由黄酒演变而来的。

水源可以看作黄酒之灵，对成品的风味有非常大的影响。上品的太湖糯米，是黄酒之骨肉，唯有高淀粉、低脂肪、低蛋白质的糯米，才能让酒变得甘美醇厚。

黄酒温润如玉，可以吊鲜，绍兴人又喜食醋、食酱、食臭，样样都在“榨取”食材中的至鲜之味，和黄酒正是天作之合，可见黄酒对菜品的包容性是非常大的，非常适合摆上餐桌。对于一些超前的精致餐饮来说，单独的菜品体验不足以成就一次完美的就餐体验，搭配相应的饮品可以进一步提高食客的就餐体验感。一些高端黄酒坚持传统冬酿技艺，一年一酿，产品的包装设计采用中国传统元素，通过推广与宣传，主要面向高端餐饮群体中的年轻人。还有一些时尚创新型黄酒像葡萄酒一样，可以使用葡萄酒杯冰饮，更好地展现出酒的层次感和复杂度。黄酒本身就可以作为一种调料融入菜品的烹饪之中，当享用杭帮菜时搭配黄酒，更能增添菜品风味，本地菜和本地酒完美搭配。

项目九 侍酒服务

项目导学

项目导语

◆ 葡萄酒世界充满了美妙的奇迹和精彩的历程，但将一瓶卓越的葡萄酒呈现在餐桌上需要综合更多技巧和服务艺术。本项目中，我们将进一步探讨侍酒服务的核心，从葡萄酒的储存、合适的饮用温度，到各种类型葡萄酒的专业服务技巧。未来，无论你是一名餐厅侍酒师、酒窖管理员，还是热衷于品鉴的葡萄酒爱好者，这一项目都有助于你提升在葡萄酒之旅中的体验与收获。

知识目标

◆ 了解葡萄酒的储存原则，包括适宜的储存环境和条件。
◆ 掌握不同类型葡萄酒的适饮温度，以最大限度地展现其特色。
◆ 了解侍酒服务的准备工作，能够根据客人的需求推荐适合的酒款和酒杯，能够在开餐前做好餐桌摆设和侍酒等相关准备。
◆ 掌握醒酒、平静葡萄酒、老年份葡萄酒、起泡酒等专业服务技巧，包括开瓶、倒酒、品尝等。

能力目标

◆ 能够正确储存葡萄酒，以保持其品质和特色。
◆ 能够根据不同类型葡萄酒的特性，设定合适的饮用温度。
◆ 能够独立准备侍酒服务所需的工作，为顾客提供高品质的葡萄酒体验。
◆ 能够熟练地执行醒酒、平静葡萄酒和老年份葡萄酒、起泡酒等服务流程，满足顾客需求。

素养目标

◆ 培养对于提供高服务质量的责任感。
◆ 在社交场合中展现出良好的礼貌和服务态度，建立积极的人际关系。
◆ 通过合作执行侍酒服务任务，培养团队协作和解决问题的能力。

任务一　葡萄酒的贮存

情境导入

餐厅侍酒师 Leo 外出去葡萄酒产区学习一周，回到餐厅上班后到酒窖巡视，进门突然感觉酒窖温度非常高，看了一眼温度计，发现酒窖内的温度已经到了 28℃，原来是空调制冷系统坏了。他赶紧询问餐厅主管，结果主管告知这个问题已经发生了四天了，但是他觉得没有什么影响，所以也没有在意。侍酒师非常生气地批评了他，这使得主管非常郁闷，觉得侍酒师 Leo 小题大做了。

本节任务中，我们将探索葡萄酒的贮存，包括温度、湿度、光线和贮存位置等因素是如何影响葡萄酒的品质的。希望大家通过学习葡萄酒贮存的专业知识，正确贮存葡萄酒或能够对酒窖进行正确管理，以便品尝到高质量的葡萄酒。

知识精讲

一、葡萄酒贮存的要素

课堂互动

下列哪些是贮存葡萄酒的理想环境？为什么？

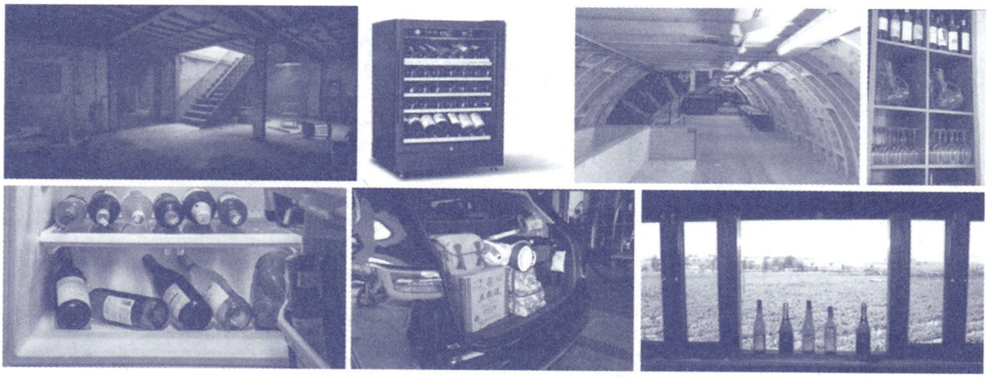

贮存葡萄酒的环境

（一）温度

一般来说，酒窖的温度应设定在 12℃～ 15℃，过高的温度会加快葡萄酒的熟化，降低陈年时间，甚至会产生果酱风味，温度过低会减缓葡萄酒陈年香气和口感的发展。

（二）湿度

葡萄酒储存的湿度控制在 65%～ 70%，湿度过低会导致木塞干燥，失去弹性，降低密封性，过量的氧气会进入，造成葡萄酒氧化，也会有漏液的问题出现。湿度过高则会导致木塞发霉，酒标也会有脱落的风险。对于木塞封瓶的葡萄酒，要保持倾斜或者水平放置，使酒液可以和木塞接触来保持酒塞的湿润。

（三）光线

紫外线会让葡萄酒过早成熟，也会导致色素稳定性降低，葡萄酒也会产生一些还原性味道，如煮熟白菜的味道，长时间的光线照射也会造成酒标褪色，所以对于长时间贮存的酒需要设定昏暗一些的光线，并且避免近距离灯光直射，强光和光线产生的高温都会对酒产生一定的影响。

（四）气味

软木塞是有天然的气孔的，葡萄酒长时间贮存在空气流动性差、气味强烈的空间，会导致这些气味透过木塞跟葡萄酒接触，对葡萄酒的风味产生影响，所以对于贮存葡萄酒的地方要保持空气流通，防止产生异味。

（五）震动

过度的震动会加快葡萄酒的熟化，对于一些贮存在酒柜里的葡萄酒，要注意酒柜运转的时候是否会产生震动。

知识拓展

酒瓶的颜色越深，透光率越低。其中透明酒瓶的透光率大概在90%，绿色酒瓶的透光率在35%左右，棕色酒瓶的透光率更低。尽管有一些透明瓶的葡萄酒，但是在外包装会包裹一层有色玻璃纸来减少光线的影响（如路易王妃水晶香槟）。

二、开瓶后葡萄酒的贮存

一些高端餐厅都会提供杯卖酒，开瓶后的葡萄酒一旦跟氧气接触便会开始氧化，酒的状态也会变化。一般来说，一瓶开瓶的葡萄酒可以保存多长时间取决于以下几点：

（1）温度。相对低的贮存温度会降低瓶内化学分子的活跃程度，相对延迟保鲜时间。

（2）酒液剩余容量。一瓶只剩700毫升的酒液和一瓶只剩200毫升的酒液，在瓶内跟空气接触量不一样，酒液越少，状态变化越快，贮存时间越短。

（3）酒的品质。对于一些高品质的杯卖酒，酒的集中度和复杂度较高，或者本身就是需要醒酒的酒款，这类酒的贮存时间相对也会更长。

开瓶之后的葡萄酒首先要保证低温贮存，其次是减少跟氧气的接触，一种常见方法就是将葡萄酒分装到更小的如375毫升的瓶中。使用真空塞保存，将瓶内抽成真空状态，也是利用减少跟空气接触的原理。

一些高端餐厅配有Coravin取酒器，利用取酒针穿透木塞，在取酒的同时往瓶内注入惰性的氩气，不用开瓶，但是气囊本身有一定的成本，一般用于品质较好、价格偏高的葡萄酒。使用 Coravin 取酒器并不意味着可以长期保存已经抽取过的酒，相对来说，酒的品质不同，保存时间也不一样，需要定期抽取鉴定酒质的状态。

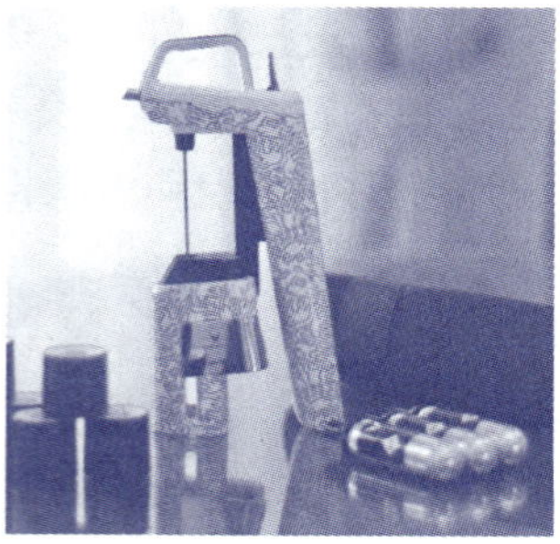
Coravin取酒器

技能实训

准备两支相同的葡萄酒（可以选价格较低的葡萄酒），一支在正常状态下打开，倒出一半，并撰写品鉴记录；剩下一半可低温贮存三天后品鉴并记录。另一支可在户外或长期存放，一周后品鉴并记录（或提前一周在此环境下放置，跟正常贮存酒款对比）。

借助品鉴笔记，对比不同贮存条件下酒款状态的差异，理解贮存之于葡萄酒的意义；能够判断葡萄酒品质的好坏，尝试辨别葡萄酒是否因贮存不当而出现问题。

反馈评价

评价内容	评价标准	自评	互评	师评
出勤 20%	按时出勤，未有无故迟到、早退、旷课现象。			
课堂学习 20%	积极投入理论学习，踊跃参与课堂互动。			
实训品鉴 60%	葡萄酒品尝技巧：能够使用专业术语对葡萄酒的视觉、嗅觉和味觉等方面做出评价。			
	品鉴表达能力：在口头表达中，学生能够使用专业术语和形容词流畅、自信地描述品鉴感受。在书面表达中，笔记准确、清晰、有条理。			
	葡萄酒的储存：能够使用正确的方法保存开瓶后的葡萄酒。			
	判断葡萄酒的品质：能够结合葡萄酒的外观、气味和味道等方面，阐述葡萄酒品质。			
	专业素养：实训过程中，表现出专业的态度、独立思考和对葡萄酒领域的热情。			

任务二　葡萄酒的饮用温度

情境导入

夏天有客人到餐厅用餐，从后备厢拿出了一瓶餐厅酒单没有但非常名贵的红葡萄酒交给服务员，并告知提前帮忙醒酒。服务员准备开瓶时，侍酒师看到后过来询问，并下意识地摸了一下瓶身。侍酒师说这瓶酒温度有些高，需要放进冰桶里降一下温，服务生非常诧异地问："红葡萄酒也要冰吗？"

在本任务中，我们将探讨不同类型葡萄酒的理想饮用温度，以及温度是如何影响葡萄酒的味道和香气的。

知识精讲

一、不同类型葡萄酒的适饮温度

葡萄酒对于温度要求很高，错误的饮用温度难以让我们体验到酒的真实风格，实际的侍酒温度要根据酒款的酿造风格和当时酒款的状态来做出调整。各类葡萄酒的侍酒温度如表 9–1 所示。

表 9–1　各类葡萄酒的侍酒温度

类型	侍酒温度（摄氏度）	举例
甜酒	6 ～ 8	法国苏玳贵腐酒，德国和匈牙利的冰酒 /BA/TBA
起泡酒	6 ～ 10	香槟，法国 cramant 起泡酒，西班牙的 Cava，意大利的 Prosecco 等
轻盈风格的白葡萄酒	7 ～ 10	夏布利的白葡萄酒，德国的干型雷司令，意大利的 soave，西班牙 Rias Baxias 产区的白葡萄酒
饱满风格的白葡萄酒	10 ～ 13	炎热产区或者过桶的白葡萄酒，如来自默尔索、法国南部、美国加州的白葡萄酒
轻盈风格的红葡萄酒	13	法国勃艮第、博若莱葡萄酒
饱满风格的红葡萄酒	13 ～ 15	波尔多红葡萄酒，西班牙里奥哈葡萄酒

二、如何解决葡萄酒温度过低或者过高的问题

服务过程中需要时刻关注葡萄酒的温度，尤其是那些需要低温饮用的酒。如果遇到一支刚从冰箱里拿出来、温度很低的红葡萄酒，但酒本身的风格需要偏高的温度饮用，那么快速提温便是必要的。可以通过倒入横截面较大的醒酒器，醒酒器也可以先通过热水加热，然后倒入葡萄酒，通过醒酒器的余温加快温度提升速度，这种方法不会对酒本身产生影响。

一些红葡萄酒需要低温饮用，甚至比酒窖贮存温度低一些，较低的温度可以突出酸度，使酒体变得轻盈，增加果香新鲜度。对于一些过于浓郁甜美、酒精度高的红葡萄酒，轻微冰冻可以减轻酒精的刺激感，使酒体更加优雅。对于需要轻微冰镇的葡萄酒，要注意冰镇时间，过度冰镇则会适得其反。

葡萄酒的储存

技能实训

请以小组为单位，完成以下任务：

准备一红一白两支葡萄酒，分别在常温状态下将其冰镇 10 分钟和 20 分钟后进行对比品鉴。首先要熟记不同葡萄酒的饮用温度；其次要体验温度差异对葡萄酒风味和口感的影响。

反馈评价

评价内容	评价标准	自评	互评	师评
出勤 20%	按时出勤，未有无故迟到、早退、旷课现象。			
课堂学习 20%	积极投入理论学习，踊跃参与课堂互动。			
实训品鉴 60%	葡萄酒的适饮温度：能够根据葡萄酒的类型和特点，决定葡萄酒的适饮温度，并进行相应操作。			
	葡萄酒品尝技巧：能够使用专业术语对葡萄酒的视觉、嗅觉和味觉等方面做出评价。			
	品鉴表达能力：在口头表达中，学生能够使用专业术语和形容词流畅、自信地描述品鉴感受。在书面表达中，笔记准确、清晰、有条理。			
	对比品鉴：能够从风味和口感等方面，阐述温度差异为葡萄酒带来的变化。			
	判断葡萄酒的品质：能够结合葡萄酒的外观、气味和味道等方面，阐述葡萄酒品质。			
	专业素养：实训过程中，表现出专业的态度、独立思考和对葡萄酒领域的热情。			

任务三　侍酒服务准备工作

情境导入

小李平时会主动学习葡萄酒，并且通过了一些葡萄酒认证考试，他被提拔为助理侍酒师。随着职位的提升，小李变得更加自信。某天，有位客人点酒，小李过去介绍。客人拿到酒单后，发现其中几页有污渍，还有几页掉了下来，顿时皱了皱眉头，并说道本来想点一瓶5000元左右的酒，但是看酒单破损，担心酒的贮存也会像这样，就点了一瓶1000元左右的葡萄酒。小李给客人展示确认酒款后，准备好了杯子。客人拿到杯子看了看，杯口破损、杯身有油污，闻了一下也有异味，脸色开始变得不好看，让小李再换一个干净的杯子。小李忽然明白了为什么首席侍酒师之前一直跟他说要做好侍酒服务前的准备工作。

本任务中，我们将深入研究侍酒服务的准备工作。无论你希望成为一名资深侍酒师，还是仅仅做一名葡萄酒爱好者，都能有所收获。

知识精讲

一、侍酒服务前的准备

（1）每日工作前要确保酒单的整洁和完整，有问题的酒单需要单独放置。

（2）要了解酒单内酒款库存的实时状态，如果库存沽清，年份或价格有变动，但酒单未及时更新，要做到对客点单时心中有数，提前告知客人。

（3）开酒前，要做好操作台的准备工作：干净的酒布、海马刀、干净无水渍的醒酒器、2～3个干净的酒塞垫。

（4）酒杯上桌前要检查杯身、杯口、杯底，确保干净且无指纹、无污渍，杯身尤其杯口无破损。

侍酒服务前的准备

二、餐厅酒水销售

在餐厅中，最先引起顾客对酒水需求的往往是酒单。所以侍酒师的工作中，前期筹备工作中很重要的一部分就是做一份适合所在的餐厅定位、菜品风格，并且能够引起客人消费意愿的酒单。每家餐厅都有自己的专属酒单，在销售过程中，侍酒师要首先采取“主动销售”的策略，随时跟踪顾客的情况和需求，继而发起相应的顾问式询问，以西餐厅为例：

餐厅酒水销售

餐前酒的询问——当顾客落座之后，侍酒师应当第一时间询问是否需要餐前酒，并根据当下季节、餐厅主推、顾客情况做出相应的推荐，同时送上菜单与酒单。

餐后酒的推荐——在顾客选定菜品之后，侍酒师应主动询问顾客是否有用酒的需要，并对顾客选择的菜品做餐酒搭配的建议。需要注意的是，此时要考虑顾客的人数、性别，以及顾客所选菜品的价值来确定推荐哪个价位的葡萄酒及其数量。

餐后酒的询问——很多时候，顾客在点餐时并不考虑甜品或者餐后酒的安排。因此，在顾客点的最后一道菜品上完之后，侍酒师可以根据甜点或者顾客情况推荐餐后酒。

以上都属于在餐饮服务中的主动销售，之后还有补充销售或者二次销售。当客人不需要酒精饮料时，侍酒师可以推荐无酒精饮料，如无酒精鸡尾酒或者果汁。在客人完成酒精饮料的点单之后，侍酒师可以询问客人对于饮用水的选择，也可以针对顾客的菜品和已点酒款推荐适合的饮用水做搭配。

在用餐服务期间，侍酒师应时刻观察顾客的饮酒状况，在顾客所选酒款快要饮完之时，及时提出补充酒款的推荐，此时既可以沿用已点酒款，也可以增加顾客的味蕾体验，推荐新的酒款。

知识链接 餐厅酒水销售

侍酒师在工作中的主要任务之一就是进行酒水销售。在传统的工作环境中，酒水销售主要集中在餐饮服务行业。但如今，侍酒师的工作场域发生了很大的变化，特别是在中国市场，侍酒师不仅能在餐饮服务行业发挥自己的专业优势，在专业的酒水销售环境中也已经成为必不可少的一部分。侍酒师经过系统的学习和经验的积累，掌握了各个产酒国的酒类风格及其特点，可以从顾客的实际需求出发，为顾客推荐适合的酒款。顾客在侍酒师专业的建议引导下，达成购买需求。但在不同的场景中，也有不同的工作重点，除了上述的餐厅酒水销售之外，还有实体门店销售。

实体门店销售

在主要以酒水销售的门店或展会中，“主动销售”同样是营销的关键。在进行酒款推荐前，可以向顾客了解以下问题，例如：

购买的目的：自饮、送礼、宴请等；

配餐的选择：中餐或者西餐，口味风格等；

饮酒的对象：数量、性别、年龄等；

顾客的喜好：口味偏好、餐饮风格、预算等。

做出以上询问后，侍酒师可以针对顾客的情况做出有针对性和可行性的销售方案。在顾客选择了推荐方案之后，侍酒师可根据方案和顾客情况，补充销售或开展二次销售。在实体门店中，主动销售仍占主导地位。

此外，门店陈列也是实体销售中的重要组成部分。侍酒师应根据季节、门店产品采购与销售情况、节假日，对门店的陈列做有效的整理，使得需要重点销售的酒款能引起顾客关注。另外，侍酒师还需时时关注门店卫生及陈列酒款的状态。陈列酒款的功能更多是用作展示，顾客购买的酒款应从储存酒窖中取用，以避免长期外部陈列对酒款的负面影响，为顾客带来不良的品饮体验。

技能实训

以小组为单位，完成下列任务：

（1）葡萄酒贮存挑战：将提供的白葡萄酒、红葡萄酒和起泡酒，正确地贮存在适合的环境中，以确保酒款的最佳状态，包括但不限于对温度、湿度和光线等因素的控制。

（2）点餐及酒款推荐：接受模拟客人点餐的任务，适时展示葡萄酒标签，解释酒单上的内容，回答客人的问题。

（3）酒款和酒杯选取的建议：根据客人的口味偏好和所点菜肴的信息，提供合适的酒款和酒杯建议，确保葡萄酒与菜肴搭配得当。

（4）侍酒工具的使用：使用不同的侍酒工具，包括开瓶器、酒温计和葡萄酒漏斗等，展示正确的使用技巧。

反馈评价

评价内容	评价标准	自评	互评	师评
出勤 20%	按时出勤，未有无故迟到、早退、旷课现象。			
课堂学习 20%	积极投入理论学习，踊跃参与课堂互动。			
技能实训 60%	葡萄酒储存：能够为葡萄酒选取适合的储存环境。			
	点餐问答及酒款推荐：能够接受客人点餐和提问；能够结合客人偏好和菜品特点，推荐相应酒款。			
	酒款和酒杯选取：能够结合本书“项目四 任务一”中“酒杯准备”等相关内容，为客人所点的葡萄酒搭配适合的酒杯，并做适当介绍。			
	正确使用侍酒工具：能够正确使用开瓶器、酒温计和葡萄酒漏斗等侍酒工具。			
	专业素养：实训过程中，表现出专业的态度、独立思考和对葡萄酒领域的热情。			

任务四　醒酒服务

情境导入

有一天，餐厅遇到两个问题，这让助理侍酒师小李非常疑惑。他带着问题去问餐厅首席侍酒师。原来当天晚上餐厅生意特别好，小李连着卖出去好多瓶酒，其中碰到两款酒需要醒酒，但是都是客人提出来的醒酒要求。一款是来自默尔索一级园的白葡萄酒 Les Perrieres，小李试过酒的状态没问题，客人试过后却说需要进醒酒器醒酒。另一款是来自意大利的巴罗洛名庄，年份比较新，客人叫小李用餐厅最大的醒酒器，小李虽然不明白但还是照做了。

醒酒服务是葡萄酒品鉴与侍酒中的一项关键技能。它涉及如何处理那些需要适当呼吸和释放香气的葡萄酒，特别适合陈年却提前开瓶的葡萄酒或老年份葡萄酒。醒酒不仅可以改善葡萄酒的口感，还能展示作为侍酒师或葡萄酒爱好者的专业水平。在本任务中，我们将探讨醒酒的重要性、不同类型葡萄酒的醒酒需求以及如何进行有效的醒酒服务。

知识精讲

葡萄酒醒酒的原理是通过大量接触空气产生氧化作用，让酒的香气变得更活跃，丹宁也会更柔顺。同时对于一些挥发性酸或者硫带来的一些不愉悦气味的酒以及一些还原性气味的酒，可以通过醒酒来快速散掉。

对于一些年轻的红葡萄酒，由于品种的原因，年轻时有很强劲的单宁，直接喝会比较涩，通过醒酒可以使单宁变得相对柔顺。

对于一些品质较好的酒，在品质没问题的前提下，长期的陈年熟化使香气相对封闭，可以尝试通过醒酒使香气打开，醒酒时间需要了解酒庄酒款的风格，并根据实际经验调整。

对于白葡萄酒，甚至一些品质较高的年份香槟，需要通过提前瓶醒，甚至短时间醒酒器醒酒才能展现出最佳状态。

对于一些老年份的葡萄酒，醒酒器的作用一般是用于除渣，老年份葡萄酒的香气相对更脆弱，过度醒酒会加快香气的消散，建议可以通过选用较大的杯型来杯醒。

醒酒器种类最关键的差异在于醒酒器主体的横截面大小，醒酒器横截面大，酒液跟空气接触面增大，醒酒的速度相对会更快，对于一些需要较长时间醒酒的酒款更适合。过长时间的醒酒有一定概率使酒的状态走下坡路，这种状态是无法挽救的。对于一些不需要过度醒酒的酒款，可以选择横截面较小的醒酒器，减少酒液与空气的接触面积，降低醒酒速度，比如一些老年份的葡萄酒。

实际操作中，醒酒最重要的还是根据对酒款信息的了解以及对酒款的品鉴经验，即便一些酒不太需要醒酒，如果客人希望醒酒，则遵从客人意愿。

技能实训

实训 1：侍酒师的实践

一位客人刚点了一瓶高品质的年份葡萄酒，但这款葡萄酒需要适当的醒酒服务才能充分展现它的风味。作为这家知名餐厅的侍酒师，你的任务是为客人提供专业的醒酒服务，确保葡萄酒在品尝时呈现最佳状态。具体要求如下：

（1）分析葡萄酒类型：查看客人点的葡萄酒，了解它的类型和年份。不同类型的葡萄酒需要不同的醒酒时间和方法。

（2）决定醒酒时间：根据葡萄酒的类型，决定它的醒酒时间，可以使用葡萄酒醒酒表或依靠自己的经验。

（3）醒酒方式：选择适当的醒酒方式。可以是简单地将酒液倒入酒杯中醒酒，也可以使用醒酒器醒酒，或将葡萄酒倒回瓶中醒酒等。

（4）完成醒酒：当葡萄酒已经醒酒到理想状态时，请客人试酒品尝。在为客人倒酒前，确保沉淀物已过滤（如果有的话）。

（5）与客人互动：在品鉴的过程中保持良好的宾客互动，询问客人的感受，解释醒酒对葡萄酒味道的影响，了解客人对品酒体验的评价和反馈。

实训 2：监测醒酒进程（此项为实训 1 操作中的一部分）

在醒酒过程中，每隔一段时间品尝一次葡萄酒，了解它的风味变化，记录每次的品尝感受。

反馈评价

评价内容	评价标准	自评	互评	师评
出勤 10%	按时出勤，未有无故迟到、早退、旷课现象。			
课堂学习 10%	积极投入理论学习，踊跃参与课堂互动。			
实训 1 侍酒师的实践 50%	醒酒时间选择：能够根据葡萄酒的类型和年份选择适当的醒酒时间。			
	醒酒方式：能够根据葡萄酒的特性选择正确的醒酒方式。			
	醒酒过程：能够监测醒酒过程，品尝并记录葡萄酒的味道是如何随时间而变化的。			
	完成醒酒：成功完成醒酒操作，将最佳状态下的葡萄酒提供给客人。			
	与客人互动：与客人互动是否得体，能否解释醒酒的重要性，并以恰当的方式询问客人的感受。			
实训 2 监测醒酒进程 30%	葡萄酒品尝技巧：能够使用专业术语对葡萄酒的视觉、嗅觉和味觉等方面做出评价。			
	品鉴笔记：能够详细记录葡萄酒的品鉴笔记（包括视觉、嗅觉、味觉等）；笔记准确、清晰、有条理。			

续表

评价内容	评价标准	自评	互评	师评
实训 2 监测醒酒进程 30%	品鉴表达能力：在口头表达中，能够使用专业术语和形容词流畅、自信地描述品鉴感受。在书面表达中，能够以清晰、连贯的方式传达品鉴观点。			
	品鉴准确性：品鉴评价能够准确反映葡萄酒的特点，能够正确识别葡萄酒的品种、产区和风格。			
	专业素养：实训过程中，表现出专业的态度、独立思考和对葡萄酒领域的热情。			

任务五　平静葡萄酒的服务

情境导入

小李选了一家全日制西餐厅进行第一次酒店实习，他在这里学会了使用海马刀开葡萄酒。当时的经理教他先用刀片划开酒帽最上面，旋入海马刀后慢慢提出木塞。小李第二次实习时来到一家高端法式餐厅，入职第一天就碰到客人点葡萄酒，他很自信地帮客人把葡萄酒打开，拔出木塞时“嘣”的一声引起了侍酒师 Leo 的注意。他观察到小李整个开瓶过程非常混乱，操作台也不整洁，他立刻接替小李后面的工作，优雅顺畅地帮客人完成了酒水服务。小李想跟着侍酒师学酒水服务，对于平静葡萄酒该如何服务呢？

本任务将围绕如何为宾客提供完美的平静葡萄酒体验展开。无论你是准备在专业场合中为客人提供服务，还是计划在家中与朋友共享美好时光，这些技能都将为你的葡萄酒体验增色不少。

知识精讲

市面上普遍流通的都是一些偏新年份的葡萄酒，对于这些葡萄酒来说，如果没有保存问题，按照正常的步骤开瓶即可。

首先，在跟客人确认酒款之后，准备相应人数的杯子，杯型依酒款而定。

其次，准备好操作台，摆放干净的酒布、两个小银碟、海马刀、试酒杯。

最后，开盖。对于螺旋盖的葡萄酒，不需用到海马刀，只需转动螺旋酒帽下方即可拧开。对于木塞或合成塞等需要用到海马刀的情况需要按照以下步骤操作：

（1）用酒刀的刀片隔开锡制酒帽，完美状态下三刀割开，同时保证割口的整齐度，取下的酒帽应随手放进口袋，不要随手放到操作台或者放到小银碟展示，接下来拿口布擦拭一下瓶口。

（2）把酒刀的螺旋钻入酒塞中央，旋转的过程要保持垂直状态，保留半个螺旋停止，钻得过深，有一定概率钻透木塞导致木屑掉入酒中；反之，如果没有全部钻进去，只钻入一半，那么拔取木塞很有可能断塞。

（3）拔取木塞时需要用到酒刀的两节杠杆，当木塞快要拔出时要停止拔取动作，轻轻晃动酒塞拔出，避免产生声音，取下酒塞放入小银碟给主人展示，此时需再次用口布擦拭瓶口。

（4）整个开酒过程中要始终保持酒标朝向客人，对于开酒经验少的人来说，在割酒帽和拔取瓶塞的过程都会下意识转动酒瓶。

（5）在征得客人同意的情况下，倒取少量酒液，通过品鉴方法快速辨别酒款的状态，如有无质量问题，是否需要醒酒，酒的温度等。同时品鉴酒的香气与口感，在客人询问时以做出回答。

（6）接下来根据中餐或西餐相应的礼仪进行侍酒服务。

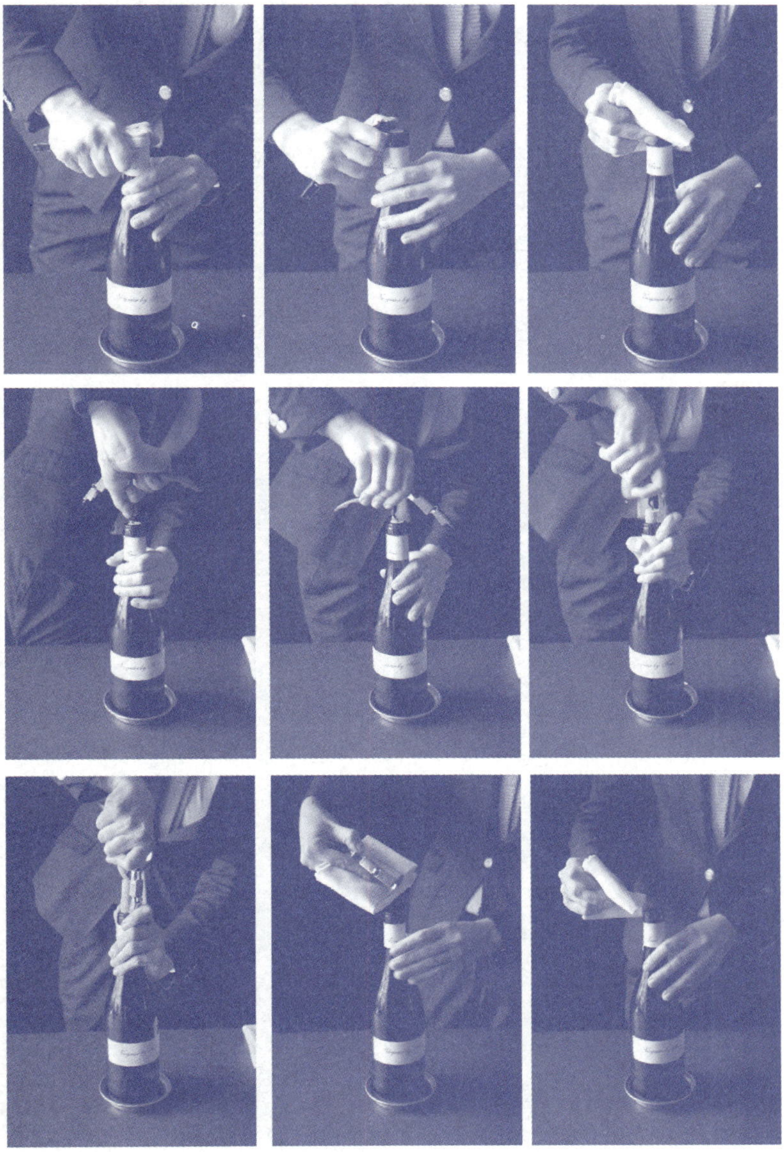

平静葡萄酒（非老年份）的开瓶步骤

拓展阅读 开瓶为什么擦拭瓶口？

一般来说，开酒过程中要擦拭两次瓶口，尤其是对于老年份葡萄酒来说，长时间在阴暗的、有一定湿度的环境中陈年，瓶口处会有大量霉菌产生，取掉酒帽后主要是擦去霉菌或者偶尔碰到的漏液情况，拔塞后擦拭瓶口主要针对一些酒塞可能会有部分碎屑在瓶口处。

技能实训

请以侍酒师的身份，为一场高规格的商务晚宴设计平静葡萄酒的服务流程。以下为任务要求：

（1）服务准备：为晚宴选择1～2瓶平静葡萄酒，确保其温度适宜，选择适当的酒杯，并将酒瓶妥善打开。

（2）侍酒服务：试酒无误后，将酒液倒入客人的酒杯，确保倒酒时不滴酒；为客人介绍葡萄酒、提供适当的酒杯和餐具等。

（3）解答问题：及时、准确地回应客人的需求和有关葡萄酒的提问，必要时提供专业建议。

（4）整体表现：操作准确规范、服务礼仪得当、专业知识全面。

反馈评价

评价内容	评价标准	自评	互评	师评
出勤 10%	按时出勤，未有无故迟到、早退、旷课现象。			
课堂学习 10%	积极投入理论学习，踊跃参与课堂互动。			
技能实操 80%	平静葡萄酒选择：能够选择适宜的平静葡萄酒，以满足特定场合的需求。			
	贮存和冷却：能够正确地贮存和冷却平静葡萄酒，以确保它们在正确的温度下饮用。			
	开瓶技巧：能够以专业的方式打开平静葡萄酒，不损坏瓶塞或影响酒液。			
	倒酒礼仪：能够表现出良好的倒酒礼仪，确保每位宾客得到合适的分量而不溢出。			
	品鉴和描述：能够准确地品鉴葡萄酒，提供清晰的香气和味道描述。			
	与宾客互动：能够与宾客建立良好的联系，回答问题并提供葡萄酒的相关资讯和信息。			

续表

评价内容	评价标准	自评	互评	师评
技能实操 80%	协调合作：能够在团队中协调合作，确保流程顺利开展；能够与团队成员进行有效沟通，分享信息和任务。			
	问题解决：能够迅速解决意外情况，如瓶塞意外弹出或葡萄酒不符合预期温度。			
	反馈接受：能够接受来自导师或宾客的反馈，并积极改进服务。			

任务六　老年份葡萄酒的服务

情境导入

小李做助理侍酒师半年多了，见过的酒、开过的酒也不少了。有一天，客人带了一支 20 世纪 70 年代的波尔多红葡萄酒和一支 80 年代的勃艮第红葡萄酒来用餐。小李虽然学习过老年份葡萄酒的服务，但是他入行不久，开过最老年份的酒也只是 2000 年左右的，这么老的酒他还是第一次见。客人着急开，他便把 70 年代的波尔多酒放到酒篮里，割开酒帽后就钻入螺旋开始拔酒塞，第一下酒塞就断了，他只好把断的酒塞插入瓶中再做酒液过滤。开第二瓶 80 年代的勃艮第酒时，小李只好叫来了资深侍酒师 Leo。只见 Leo 拿出老酒开瓶器，两三下就优雅地把酒塞完美地取出来了。

老年份葡萄酒通常来自不同的年份，酿造风格和陈年潜力各异，因此提供给客人的服务需要更高的专业度。在本节任务中，我们将深入探讨老年份葡萄酒的特点、贮存条件、开瓶技巧以及如何为客人提供出色的品鉴体验。

知识精讲

对于餐厅的老年份葡萄酒来说，一般贮存都是水平或倾斜放置，并且不会经常晃动，所以老年份葡萄酒的沉淀物都很稳定。当从酒窖里取出老年份葡萄酒时，应当按照原本倾斜或者水平拿出，放到酒篮中，整个过程要尽量避免过度晃动。

待客人确认后，酒杯和操作台的准备工作完成后，进入开酒环节。老酒的酒帽经常会出现粘连在瓶口难以取下的情况，此时不要紧张，应缓慢地将酒帽去除干净，尽量将瓶口擦拭干净。如果出现较多霉菌，可用纸巾擦拭。

对于老年份的葡萄酒，一般来说选用 Ah-So 老酒开瓶器最为适宜。对于部分保存境况较好、酒塞老化程度低，或者经历过换塞的老年份葡萄酒，可以用海马刀拔塞，但是相对来说会更考验技术。

经客人同意，试酒后快速辨别酒体状态，老年份酒会有很多沉淀物，沉淀物对人体没有危害，但是会影响葡萄酒的观感和口感，根据酒的状态选择是否需要除渣。如果酒体和香气已经很脆弱，遇到大量空气酒体状态会走下坡趋势，此时可询问客人意见。

对于某些老年份葡萄酒，如果该年份是个不错的年份，贮存过程中也没有出现问题，酒的状态需要醒酒，建议可以选用直径偏小的醒酒器进行醒酒。

不管是老酒醒酒还是除渣，都需要借助光线观察沉淀物，一般会用蜡烛来提供光线，可以借助火柴或者打火机点燃蜡烛。如果用火柴点燃蜡烛，需注意火柴点燃和熄灭的时候会有明显的硫的气味，熄灭火柴需背向客人，熄灭的火柴棍要放回火柴盒。

从酒篮中取出葡萄酒时保证酒标朝上，沉淀物始终在下方。光线对准瓶肩部位，时刻观察后段的沉淀物，流速要慢且轻柔，过程当中要注意火焰与瓶身的距离，太近火焰的温度会加热葡萄酒。

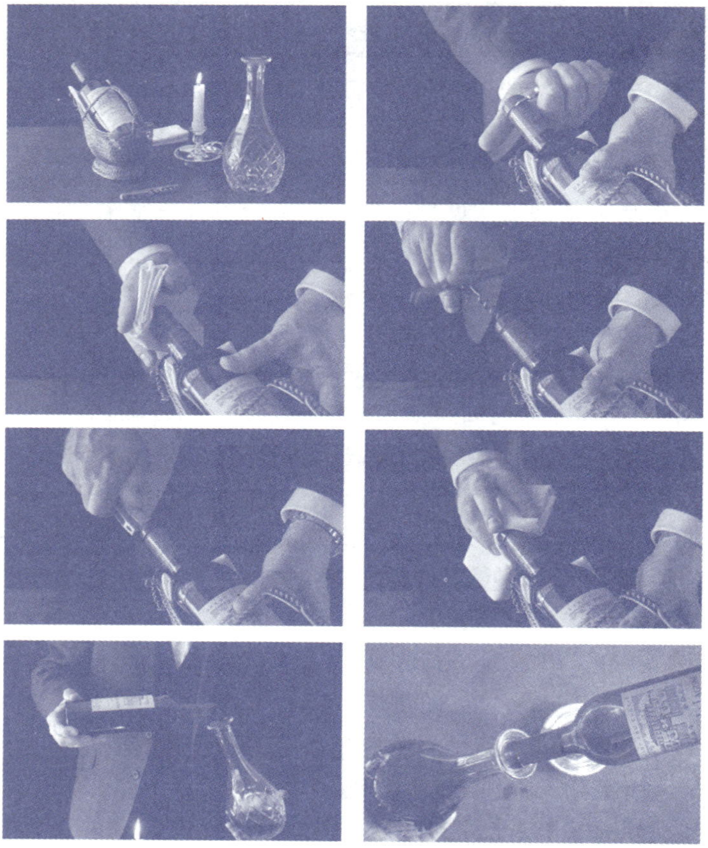

老年份平静葡萄酒的开瓶步骤

技能实训

实训 1：老年份葡萄酒品鉴

品尝并熟悉几款老年份葡萄酒，了解它们的特点、陈年潜力和口感，撰写品鉴笔记。

实训 2：侍酒师的实践

餐厅即将举行一场豪华的葡萄酒晚宴，其中包括多款老年份葡萄酒。作为餐厅的侍酒师，你的任务是为这场晚宴提供专业的老年份葡萄酒服务，确保客人获得最佳的品鉴体验。以下为任务要求：

（1）葡萄酒贮存条件：了解老年份葡萄酒的适当贮存条件，包括温度、湿度和贮存位置。

（2）开瓶技巧：能够正确为老年份葡萄酒开瓶，包括使用葡萄酒钻、葡萄酒漏斗和滤网。

（3）服务技巧：掌握老年份葡萄酒的倒酒技巧，包括使用葡萄酒漏斗和倒酒顺序。

（4）宾客互动：能够与客人建立良性互动，提供关于葡萄酒的专业建议，并解答他们的疑问。

（5）口头表达能力：能够使用专业的葡萄酒词汇和术语，向客人传达老年份葡萄酒的特点和品质。

反馈评价

评价内容	评价标准	自评	互评	师评
出勤 10%	按时出勤，未有无故迟到、早退、旷课现象。			
课堂学习 10%	积极投入理论学习，踊跃参与课堂互动。			
实训 1 老年份葡萄酒品鉴 40%	葡萄酒品鉴技巧：能够使用专业术语对葡萄酒的视觉、嗅觉和味觉等方面做出评价。			
	品鉴表达能力：在口头表达中，能够使用专业术语和形容词流畅、自信地描述品鉴感受。在书面表达中，能够以清晰、连贯的方式传达品鉴观点。			
	品鉴准确性：品鉴评价能够准确反映葡萄酒的特点，能够正确识别葡萄酒的品种、产区和风格。			
	专业素养：实训过程中，表现出专业的态度、独立思考和对葡萄酒领域的热情。			
实训 2 侍酒师的实践 40%	贮存和冷却：能够正确地贮存老年份葡萄酒，确保它们在正确的温度下饮用。			
	开瓶技巧：能够以专业的方式打开老年份葡萄酒，不损坏瓶塞或影响酒液。			
	倒酒礼仪：能够表现出良好的倒酒礼仪，确保每位宾客得到合适的分量而不溢出。			
	与宾客互动：能够与宾客建立良好的联系，回答问题并提供葡萄酒的相关资讯和信息。			
	协调合作：能够在团队中协调合作，确保流程顺利开展；能够与团队成员进行有效沟通，分享信息和任务。			
	问题解决：能够迅速解决意外情况，如瓶塞意外弹出或葡萄酒不符合预期温度。			
	反馈接受：能够接受来自导师或宾客的反馈，并积极改进服务。			

任务七 起泡酒的服务

情境导入

今天侍酒师休息，服务生小李当班。客人点了一瓶香槟，小李把酒冰好后，拿起香槟忽然有些发愁：虽然之前侍酒师有培训过起泡酒的服务步骤，但他平时工作时碰到酒水服务就会躲到一边，现在只好自己模仿侍酒师培训的步骤来开香槟。结果刚松开铁丝，酒塞就砰的一声飞了出来，把餐厅的玻璃打破了，香槟也喷出来一部分。热闹的餐厅顿时无比安静，餐厅经理询问情况后，向每桌客人道歉。小李下定决心要像侍酒师一样安静优雅地开香槟。

起泡酒以其独特的气泡和清新的口感为特征，成为欢庆的象征。庆祝一项特殊的成就、共同迎接重要的时刻或者只是想在生活中增添一些喜悦时，起泡酒往往是个不错的选择。在本任务中，我们将探讨如何为宾客提供出色的起泡酒服务，包括起泡酒的贮存、适宜的饮用温度、酒瓶开启技巧及侍酒礼仪。

知识精讲

一、如何开好一瓶起泡酒

当基础的服务准备完成后，起泡酒的服务要点有：

（1）冰桶及冰桶架要整洁，冰与水混合物比例要到七分满左右（根据实际情况调整），确保可以没过瓶颈，同时不会使冰水溢出来。

（2）起泡酒从酒窖取出到跟客人展示的期间，尽量避免大幅度的晃动。剧烈的晃动可能使瓶内的压力增大，开瓶时难以控制瓶塞。

（3）起泡酒需要充分冰镇，低温可以降低瓶内压力。

（4）首先需要去除起泡酒的酒帽，虽然现在大部分起泡酒都有提供易撕的设计，但是建议使用海马刀割开酒帽，这样会使酒帽更整齐。

（5）去除酒帽后，酒帽需随手放进口袋，切勿随便丢放。接下来一步是拧开禁锢木塞的铁丝笼。左手拇指用力按住木塞，另一只手拧开铁丝，松开铁丝后禁止把铁丝笼取掉，因为在松手的同时木塞有可能喷出。酒瓶呈 45° 倾斜，右手握住瓶底转动瓶身，此时要注意瓶塞松动的情况，一般来说，最初瓶塞往外的冲力比较小，当感受到冲力增大时，提高按压瓶塞的力气，待感受到酒塞快要出来时，可将瓶塞倾斜，使部分气体从侧面放出，减小开瓶时的声音。

（6）酒塞拿下后，需用干净的口布擦拭瓶口，将瓶塞放到干净的酒塞垫上，在征得客人同意后可倒出少量酒液，检查酒款的质量和状态。

接下来就可以按照女士优先、顺时针方向、主人最后的原则进行酒水服务。

起泡酒的开瓶步骤

二、侍酒温度

以香槟为例，不是所有的香槟都要一直在冰桶里长时间放置，如果长时间跟冰水接触，酒的温度会低于最低的适饮温度 6℃。

相对来说，起泡酒的饮用温度在 6℃～ 10℃，对于酒体轻盈、酸度活跃、香气纯净的香槟，如未经橡木桶发酵或陈年，也未经苹果酸—乳酸发酵的香槟，更适合温度低一些饮用。而对于一些偏向橡木桶影响的香槟，或者果实成熟度较高、整体风格偏向于饱满圆润风格、有更多复杂度的香槟，需要相对偏高的温度来释放香气。

技能实训

请以侍酒师的身份，为一场特殊的庆祝活动，如婚礼晚宴，设计起泡酒的服务流程。以下为任务要求：

（1）葡萄酒选择：挑选一款高质量的起泡酒，以满足模拟婚礼晚宴的需要。应该了解酒的起源、酿造方法和口感特点，以便能够向宾客做出详细的介绍。

（2）贮存和冷却：需要妥善贮存葡萄酒，并确保其适宜的饮用温度。应该了解不同类型的起泡酒的理想温度，并确保酒瓶在宴会开始前达到合适的温度。

（3）开瓶技巧：展示如何正确地打开一瓶起泡酒，以确保不会损坏酒瓶或者让气泡丧失。可以演示如何用开瓶器轻轻地解开瓶塞，而不是让它“弹”出来。

（4）侍酒礼仪：展示倒酒的专业技巧，确保每一杯都倒得干净、不溢出，在倒酒过程中要面带微笑、态度礼貌。

（5）品鉴和描述：在倒酒时向宾客提供葡萄酒的味道和香气描述，以帮助他们更好地欣赏起泡酒的特点。

（6）宾客互动：与宾客建立联系，回答他们的问题，提供关于起泡酒的有趣信息，并确保他们的杯子始终保持满足。

反馈评价

评价内容	评价标准	自评	互评	师评
出勤 10%	按时出勤，未有无故迟到、早退、旷课现象。			
课堂学习 10%	积极投入理论学习，踊跃参与课堂互动。			
技能实操 80%	起泡酒选择：能够选择适宜的起泡酒，以满足特定场合的需求。			
	贮存和冷却：能够正确地贮存和冷却葡萄酒，以确保它们在正确的温度下饮用。			
	开瓶技巧：能够以专业的方式打开起泡酒，不损坏瓶塞或影响气泡。			
	倒酒礼仪：能够表现出良好的倒酒礼仪，确保每位宾客得到合适的分量而不溢出。			
	品鉴和描述：能够准确地品鉴葡萄酒，提供清晰的香气和味道描述。			
	与宾客互动：能够与宾客建立良好的联系，回答问题并提供葡萄酒的相关资讯和信息。			
	协调合作：能够在团队中协调合作，确保流程顺利开展；能够与团队成员进行有效沟通，分享信息和任务。			
	问题解决：能够迅速解决意外情况，如瓶塞意外弹出或葡萄酒不符合预期温度。			
	反馈接受：能够接受来自导师或宾客的反馈，并积极改进服务。			

项目小结

在本项目中，我们深入探讨了葡萄酒的贮存、饮用温度和侍酒服务的各个方面，包括起泡酒、平静葡萄酒、老年份葡萄酒以及醒酒服务。通过这些内容的学习和实践，我们不仅获得了侍酒的理论知识，还培养了实际操作的技能。以下为本项目的小结：

第一，葡萄酒的贮存。葡萄酒的贮存条件和技巧包括温度、湿度、光线气味和震动的影响。良好的贮存方式有助于确保葡萄酒在贮存期间保持其品质。

第二，葡萄酒的饮用温度。不同类型葡萄酒有其适宜饮用的温度，以确保每款葡萄酒都能在最佳状态下品味。

第三，侍酒服务的准备工作。侍酒服务的前置准备工作，包括餐厅环境的准备、酒杯和餐具的摆放，以及与客人建立良好的联系与沟通。

第四，醒酒服务。正确的醒酒方式有助于提高葡萄酒的品尝体验。

第五，平静葡萄酒的服务。平静葡萄酒服务包括开瓶、倒酒以及与客人的互动。优质的服务有助于提供高品质的餐饮体验。

第六，老年份葡萄酒服务。了解老年份葡萄酒的服务方式，有助于让这些珍贵的葡萄酒充分展示其风味。

第七，起泡酒的服务。起泡酒服务包括打开瓶盖、倒酒和保存起泡酒的方法。这些技能对于实践成功的起泡酒服务十分关键。

知识园地 · 中国故事

中国最早的侍酒师

光绪年间出使英俄的兵部员外郎张德彝在日记稿本《四述奇》提到英国宴会上的“进爵仆”，或许是侍酒师最早的中文译名。

“爵”在中国代表饮酒器具，起源于殷商时期用来盛酒的三足青铜器，“进爵仆”非常准确地反映了侍酒师的职责。张德彝在光绪四年（1878 年）九月二十二日的日记中，还对“进爵仆”的职责做了非常具体的描述：“其人管理各种酒与酒器、瓷器。酒皆收存地窖，掌握钥匙，存用记账，或每日或每礼拜检点算结。”

张裕老广告画面中的侍酒师留着大背头、穿着燕尾服、扎着围裙，与如今的国际侍酒师协会（ASI）“世界最佳侍酒师大赛”选手们的着装风格大体上一致，特别是那种围裙的扎法。

只见他一手垫着口布托住瓶底，一手扶着瓶颈，身姿略微前倾，将酒标朝向那位戴着眼镜的宴会主人，请其过目。他的表情严肃而谦逊，并略带一丝微笑。从着装、仪态、动作等角度综合衡量，这位侍酒师堪称专业。

张裕老广告中的侍酒师

参考文献

1. Baggio, R, Sainaghi, R. Mapping time series into networks as a tool to assess the complex dynamics of tourism systems[J]. Tourism Management, 2016(54): 23-33.

2. Getz, D, & Brown, G. Critical success factors for wine tourism regions: a demand analysis[J]. Tourism Management, 2006, 27(1): 146-158.

3. Ross, David Lincoln. Wine Grapes: A Complete Guide to 1,368 Vine Varieties, Including Their Origins and flavors[M]. Saveur. Miami: Bonnier Corporation, 2012.

4. 杰克逊 . 葡萄酒科学：原理与应用 [M]. 3 版 . 段长青，译 . 北京：中国轻工业出版社，2017.

5. 埃文・戈斯登 . 完美搭配 [M]. 上海：上海交通大学出版社，2015.

6. 保继刚 . 旅游开发研究：原理・方法・实践 [M]. 2 版 . 北京：科学出版社，2005.

7. 陈习刚 . 中国葡萄文化史绪论 [J]. 农业考古，2014(03)：312-319.

8. 冯天瑜等 . 中华文化史 [M]. 上海：上海人民出版社，2006.

9. 郭松泉，张春娅，郭月 . 本色：中国第一瓶干白葡萄酒诞生记 [M]. 北京：光明日报出版社 , 2019.

10. 郭征 . 葡萄酒品鉴指南 [M]. 上海：上海科学技术出版社，2014.

11. 杰西斯・罗宾逊 . 24 堂葡萄酒大师课 [M]. 常青，译 . 杭州：浙江教育出版社，2018.

12. 李华，王华 . 中国葡萄酒 [M]. 咸阳：西北农林科技大学出版社，2010.

13. 林裕森 . 开瓶 [M]. 北京：中信出版社，2017.

14. 林裕森 . 葡萄酒全书 [M]. 北京：中信出版社，2010.

15. 刘玉龙，Vivienne Zhang. 葡萄酒品鉴与侍酒服务（初级）[M]. 北京：中国轻工业出版社，2020.

16. 刘玉龙，Vivienne Zhang. 葡萄酒品鉴与侍酒服务（中级）[M]. 北京：中国轻工业出版社，2020.

17. 刘玉龙，Vivienne Zhang. 葡萄酒品鉴与侍酒服务（高级）[M]. 北京：中国轻工业出版社，2021.

18. 罗伯特・麦金托什，夏希肯特・格波特 . 旅游学：要素・实践・基本原理 [M]. 蒲红等，译 . 上海：上海文化出版社，1985.

19. 玛德琳・帕克特，贾斯汀・海默克 . 看图学葡萄酒 [M]. 黄瑶，译 . 北京：中信出版社，2019.

20. 尼尔·柏登，詹姆斯·弗莱维伦 . 葡萄酒及盲品宝典 [M]. 陈翔宇，梁扬，吴坦，付丹妮，译 . 上海：上海三联书店，2017.

21. 王胜寒 . 推开红酒的门 [M]. 北京：中信出版社，2021.

22. 休·约翰逊，杰西斯·罗宾逊 . 世界葡萄酒地图 [M]. 8 版 . 王文佳，吕杨，朱简，李德美，林力博，译 . 北京：中信出版社，2021.

23. 伊国涛 . 读醉·宁夏酒庄指南 [M]. 北京：中国轻工业出版社，2022.

24. 殷开明 . 葡萄酒鉴赏 [M]. 北京：北京理工大学出版社，2016.

25. 张红梅 . 葡萄酒文化旅游 [M]. 南京：南京大学出版社，2021.

26. 中华人民共和国国家质量监督检验检疫总局，中国国家标准化管理委员会 . 葡萄酒：GB/T 15037—2006[S]. 北京：中国标准出版社，2006.